Sinnvolle Freizeit

Doris Diels-Krafft

Ikenobo – Ikebana

Einführung in die japanische Kunst
des Blumensteckens

Franckh'sche Verlagshandlung
Stuttgart

Umschlag von Hans-Ulrich Eichler unter Verwendung eines Fotos von J. C. Diels. Mit 23 Farbfotos und 4 Schwarzweißfotos von J. C. Diels sowie 24 Schemazeichnungen nach Ikenobo-Schule und 6 Vignetten von Menno Visser nach Vorlagen von J. C. Diels
Ikebana-Arrangements: Doris Diels-Krafft
Von der Autorin aus dem Holländischen übersetzt
Titel der Originalausgabe „Ikebana in Kleur"
(Uitgeverij Kosmos, Amsterdam / 1974 / ISBN 90 215 0434 0)
Zum Titelbild: **Rikka** – Noki-shin „Herbstende".
Die Blumen und Blätter haben die Sonne in sich aufgesogen und strahlen diese zurück in der reichen Farbenpracht des Herbstes. Doch spürt man einen Schimmer der Vergänglichkeit in dieser Komposition, der symbolisch durch einzelne kahle Zweige angedeutet ist. Das wehende Gras im Hintergrund vermittelt eine sanfte, beinahe tröstende Wirkung. Die Hauptlinien dieses Arrangements werden durch Ebereschen und Prunuszweige, Ampfer und verschiedene Arten von Chrysanthemen geformt.

CIP-Kurztitelaufnahme der Deutschen Bibliothek

Diels-Krafft, Doris
Ikenobo – Ikebana : Einf. in d. japan. Kunst d. Blumensteckens. – 1. Aufl. – Stuttgart : Franckh, 1977.
(Sinnvolle Freizeit)
Einheitssacht.: Ikebana in kleur ‹dt.›
ISBN 3-440-04471-8

Franckh'sche Verlagshandlung, W. Keller & Co., Stuttgart / 1977

Printed in Italy / Imprimé en Italie / LH 9 be / ISBN 3-440-04471-8
Satz: Konrad Triltsch, Würzburg
Herstellung: Editoria S.N.C. di G. A. Benvenuto & C., Trento (Italien)

Ikenobo — Ikebana

Einführung 7

Geschichte 9
Ikebana — Eine lebende Kunst 9
Die ersten Blumenarrangements und die Entstehung der Ikenobo-Schule 10
Der Einfluß von Zen auf Ikebana 12
Alte Literatur über Ikebana 13
Entwicklung des Rikka- und Nageire-Stils 14
Popularisierung von Ikebana und Entwicklung des Shoka-Stils 15
Einfluß der westlichen Welt und die Entstehung moderner Ikebana-Formen 16
Die heutige Ikenobo-Schule 17

Symbolik 19
Amaterasu, die Sonnengöttin 19
Symbolik in den Blumenarrangements 20
Die Chrysantheme als Emblem der kaiserlichen Familie 20
Sakura, die nationale Blume 21
Die Weide als Symbol der Freude und neuen Lebens 22
Arrangements zu Festen im Jahreslauf und ihre Symbolik 22

Allgemeine Richtlinien für Ikenobo-Ikebana-Arrangements 25
Rikka-Kompositionen 26
Shoka-Kompositionen 36
Variationen des Shoka 41
Moribana-Kompositionen 54
Nageire-Kompositionen 60
Freie Kompositionen 64

Vasen, Geräte und Technik 66
Gefäße 66
Das Schneiden der Zweige 68

Das Biegen der Zweige 68
Kenzan (Blumenigel) 69
Blumenschere 69
Das Befestigen der Zweige im Kenzan 69
Hilfsmittel für Zweige im Kenzan 69
Das Befestigen von Zweigen und Blumen ohne Kenzan 70
Wie verlängert man Zweige? 72

Vorschläge für Frühlings-, Sommer-, Herbst- und Winterkompositionen 73

Japanische Symbolik einiger Blumen und Zweige 75

Wörterverzeichnis japanischer Begriffe 77

Literaturangaben 80

Hiermit danke ich der Ikenobo-Schule, dem Leiter dieser Schule Iemoto Senei Ikenobo und Tsuyuko Watanabe Sensei, die mir während meines Aufenthaltes in Japan (1962 bis 1967) „Kado", den „Weg der Blumen", zeigten. Ebenso danke ich Marlies Kollmer für ihre freundliche Mitarbeit bei der Übertragung ins Deutsche.

Einführung

Ikebana, die japanische Kunst des Blumensteckens, hat besonders in den letzten Jahren durch den intensiveren Kontakt mit Japan und seiner Kultur in zunehmendem Maße Interesse und Anerkennung gefunden.

Wer sich mit Ikebana befaßt und sich in diese Kunst vertieft, stellt sehr bald fest, daß sie mehr umfaßt, als nur einen Raum zu dekorieren. Durch den philosophischen Hintergrund und die symbolische Bedeutung sowie durch die für den westlichen Menschen anders angewandten Techniken stellt Ikebana eine Herausforderung an unsere Phantasie und an unseren schöpferischen Tätigkeitsdrang dar. In unserer hektischen Zeit kann die Beschäftigung mit Ikebana den Weg zur Besinnung weisen und uns Ruhe schenken.

Viele japanische Kunstrichtungen haben miteinander gemein, daß sie nicht die Wirklichkeit darstellen, sondern sie suggerieren oder durch Symbole andeuten wollen; denn sowohl in der Haiku-Dichtkunst und in der japanischen Tuschmalerei als auch bei Ikebana ist der Künstler bemüht, mit dem von ihm gewählten Ausdrucksmittel das Wesentliche eher ahnen zu lassen als darzustellen.

Allerdings ist es fraglich, ob wir in der Lage sind, in einem asiatischen Kunstwerk nicht nur seine fremdartige Schönheit zu sehen, sondern auch den Sinn seiner Symbolik zu erfassen und die durch den Künstler angedeutete Stimmung zu spüren. Während meines Aufenthaltes in Japan habe ich im Laufe der Jahre gelernt und erfahren, daß Inspirationen und Gefühle — die jeder künstlerischen Äußerung zugrunde liegen — sich bei Japanern und Europäern nicht wesentlich unterscheiden. Da sich aber der Japaner im Umgang mit Symbolik auf eine jahrhundertealte Tradition berufen kann, bringt er seine Gefühle nuancierter zum Ausdruck.

Die Voraussetzung für das richtige Verständnis der japanischen Blumenkunst ist die Bereitschaft, sich den neuen Erfahrungen zu öffnen und sich die Technik durch ständiges Üben anzueignen. Die innerliche Einstellung spielt bei Ikebana eine ganz besondere Rolle. Zweige und Blumen sind freilich ein vergängliches Mittel, um einer Stimmung Aus-

druck zu geben; sie fordern stets erneuert zu werden. Und gerade darin liegt ein Teil der Bedeutung von Ikebana, nämlich die Bereitwilligkeit, immer wieder von neuem zu beginnen und sich allen Veränderungen bewußt zu werden.
Deshalb wollte ich in diesem Buch nicht nur über die Regeln und Richtlinien von Ikebana schreiben, sondern ich habe mich bemüht, durch Bilder und deren Auslegung die Richtung zu Ikebana zu weisen. An Hand eines kurzen geschichtlichen Abrisses, der Deutung der symbolischen Hintergründe und einer praktischen Anleitung zum Aufbau der Grundformen von Ikenobo-Ikebana, werden wir „Kado", den „Weg der Blumen" betreten.

Doris Diels-Krafft

Von 1962 – 1967 lebte Frau Diels-Krafft in Japan.
Sie studierte privat und im Gruppenverband an der Ikenobo-Akademie in Tokio. 1967 erhielt sie den „Sokakyo"-Titel (Ikebana-Professor 3. Grades).
Sie repräsentierte Holland verschiedene Male auf internationalen Ikebana-Ausstellungen in Tokio. Ein Höhepunkt war ihre Teilnahme an der Ikebana-Sonderausstellung während der Olympiade 1964, die von der kaiserlichen Familie besucht wurde.
Die Ikenobo-Schule wird in Holland von Frau Diels-Krafft vertreten. Durch Ikebana-Ausstellungen, -Vorführungen und -Unterricht nimmt die Anzahl der Liebhaber für diese schöpferische Form des Blumenarrangierens immer mehr zu. 1971, anläßlich des Besuches des japanischen Kaiserpaares in der japanischen Botschaft sowie im Okura-Hotel in Amsterdam, wurde sie ausgewählt, die Ikebana-Arrangements zu gestalten.
Bei ihrer Rückkehr nach Japan im Jahre 1971 empfing sie in Kyoto vom Großmeister Senei Ikenobo den Blumennamen *Schun-puan koyo,* das bedeutet „Frühlingswind, strahlender Ozean".
Frau Diels-Krafft nimmt an sehr vielen, öffentlichen Ausstellungen teil, z. B. der „Floriade" in Amsterdam, der „Herbstflora" und der „Japanischen Kunstausstellung aus privatem Besitz" im Singer-Museum zu Laren. Außerdem organisiert sie alljährlich auch eigene Ausstellungen.
Sie ist Mitglied des Niederländischen Ikebana-Clubs, für dessen Zeitschrift sie regelmäßig Artikel über Ikenobo-Ikebana schreibt. Ihr Buch, „Ikebana in Kleur" erschien 1974 in Holland.

Geschichte

Ikebana — Eine lebende Kunst

Ikebana wird im Japanischen mit zwei chinesischen Zeichen geschrieben, wobei das erste „ike“ 生 von „ikeru“ abgeleitet ist und soviel heißt wie „zum Leben bringen“, und das zweite „bana“ 花 mit Blume oder Pflanze übersetzt wird. Ikebana bedeutet also „die Pflanzenwelt zum Leben bringen“.

Es überrascht uns vielleicht, daß eine abgeschnittene Blume oder ein geknickter Zweig nicht als leblos angesehen werden, sondern durch die harmonische Komposition bei Ikebana zu neuem Leben erwachen. Diese Wiedergeburt einerseits und das Vergehen andererseits symbolisieren für den Japaner den ewigen Lebenszyklus. Mehr als der westliche Mensch hat er versucht, sich geistig mit dem Kreislauf der Natur zu identifizieren und danach gestrebt, seinen Platz im Naturgeschehen in Harmonie mit seiner Umgebung einzunehmen. Im Keimen und Sprießen, im Wachsen und Blühen, im Reifen und Absterben der Pflanzenwelt sieht er das Spiegelbild seines Lebensweges.

Zwei religiöse und geistliche Strömungen, der Shintoismus und der Buddhismus, haben viel zur Entfaltung der Blumenkunst beigetragen. In der frühesten Geschichte Japans sah man Götter in Bäumen und Felsen verkörpert. Der Shintoismus, eine Kombination von Natur- und Vorväterverehrung, war bis zum 7. Jahrhundert n. Chr. die einzige Religion. Die oberste Gottheit ist die Sonnenkönigin *Amaterasu Omikami,* die in der mystischen Vergangenheit Japans als die Ahnin des kaiserlichen Hauses gilt. Die Shinto-Religion kennt sehr viele Götter, so die der Flüsse, Berge und Meere. Alle tragen sie den Namen *Kami,* und ihr Geist lebt in unzähligen Shinto-Tempeln (otera). Das wichtigste Heiligtum der Shinto-Gläubigen ist der *Ise-Tempel;* der höchste Shinto-Priester ist der japanische Kaiser.

Die Verbundenheit mit der Natur wurde später durch das buddhistische Denken noch weiter gefördert. Dafür sind die Haus- und Gartenarchitektur bis heute deutliche Zeugen. Obwohl das Land häufig von Orkanen und Erdbeben heimgesucht wird, bauen die Bewohner immer

Japanischer Hausbau und Gartenarchitektur bilden ein harmonisches Ganzes.

wieder aufs neue ihre zerbrechlichen Holzhäuser auf. Bei diesen Häusern ist der Wohnraum durch Papier- und Holzschiebetüren und eine schmale Veranda vom Garten getrennt. Der Garten ist eine getreue Miniaturwiedergabe der japanischen Landschaft mit Gebirgen, Wasserfällen und Bambushainen.

Unter dem Einfluß des Buddhismus wird Ikebana, das ursprünglich nur als Opfergabe zu Ehren Buddhas gedacht war, zu einem künstlerischen Ausdrucksmittel. Der Buddhismus lehrt den Menschen, durch Selbstbetrachtung seinen Platz im Kosmos zu erkennen. Blumen und Pflanzen dienen dazu, die buddhistischen Leitgedanken zum Ausdruck zu bringen. So ist zum Beispiel die Lotosblume, die heilige Blume dieses Glaubens, seit jeher das Symbol für Reinheit und Unsterblichkeit.

Die ersten Blumenarrangements und die Entstehung der Ikenobo-Schule

Die ersten geschichtlichen Quellen über das Arrangieren von Blumen finden wir in der Mitte des 6. Jahrhunderts n. Chr. Um Gebeten Nachdruck zu verleihen oder für die Seelenruhe eines Verstorbenen zu bit-

Großmeister Iemoto Senei Ikenobo zusammen mit Doris Diels-Krafft im Tempelgarten der Ikenobo-Schule in Kyoto.

ten, war es in buddhistischen Gottesdiensten üblich, Blumenopfer zu bringen. Diese Blumenopfer, sogenannte *Kuge*, waren symmetrisch angeordnete Buketts, die aufrecht in hohen Vasen standen.

Die Geschichte der Ikenobo-Schule — der ältesten Schule Japans — geht bis ins 7. Jahrhundert n. Chr. zurück. Um den Namen „Ikenobo", das heißt „kleiner Tempel am See", zu begreifen, müssen wir ins Jahr 607 n. Chr. zurückblicken. Der Priester *Ono-no-Imoko* wurde vom Kronprinzen *Shotoku Taishi* nach China entsandt, um sich in die neue, religiöse Lehre, den Buddhismus, zu vertiefen. Schließlich hat er mit dem Buddhismus auch das Zeremoniell des Blumenopfers auf den Altären der Götter in die Kaiserstadt Kyoto mitgebracht. Nach dem Tod des Kronprinzen zog sich Ono-no-Imoko in die Einsamkeit eines kleinen Tempels am See zurück und gedachte durch Gebete, Meditation und Blumenopfer seines verstorbenen Fürsten. Nach einer Überlieferung soll die Art und Weise, wie er die Blumen anordnete, von den Mönchen bewundert und nachgeahmt worden sein. Auch sie wollten lernen, Blumen so anzuordnen wie der „Priester, der in dem Tempel am See" wohnte, und „Tempel am See" heißt auf Japanisch *Ike-no-*

bo. Noch heute steht an derselben Stelle in Kyoto ein Tempel, der *Rokkake-do.* Hier ist die Geburtsstätte des Ikebana und noch heute das Zentrum der Ikenobo-Schule.
Ono-no-Imoko nahm als Hoherpriester den Namen Senmu an. Von da an übernahmen alle Priester des Rokkake-do — sie waren in späteren Jahrhunderten gleichzeitig Meister der Ikenobo-Schule — die Silbe „sen" oder „sem" in ihre Namen. „Sen" oder „sem" bedeuten in diesem Fall soviel wie besonders, hervorragend, ausgezeichnet. Der heutige Meister, direkter Nachfahre Ono-no-Imokos in der 45. Generation, trägt den Namen *Senei Ikenobo.*
Die Verbreitung des Buddhismus hatte zur Folge, daß auch in den Adelshäusern Familienaltäre in einer speziellen Nische eingerichtet wurden, um die für den buddhistischen Gottesdienst benötigten Geräte aufstellen zu können. Die sogenannten *Rikka*-Arrangements (aufrecht stehende Buketts), die in diese Nischen gestellt wurden, symbolisierten die geistigen Hoffnungen und Bestrebungen des Buddhismus.

Der Einfluß von Zen auf Ikebana

Ende des 12. bis 16. Jahrhunderts wird Japan durch innere Unruhen und Bürgerkriege geprägt. In dieser Zeit wird die eigentliche Macht von einem militärischen Führer, dem *Shogun,* ausgeübt. Die *Samurai-Kaste,* eine militärische Elitegruppe, erhebt den *Zen-Buddhismus* zu ihrem moralischen Gesetz.
Ikebana erhält die stärksten Impulse vom Zen-Buddhismus. Er lehrt, daß die Wahrheit nicht in Büchern zu finden ist. Vielmehr soll der Mensch durch persönliche Disziplin und Meditation Kraft erwerben, um die täglichen Sorgen zu meistern und so in einen Zustand geistiger Erleuchtung und Einsicht gelangen. Zen fordert, daß man sowohl das Positive als auch das Negative erkennt und sich bewußt wird, daß diese beiden Pole in allen Dingen ruhen.
Unter dem Einfluß des Zen-Buddhismus werden die Arrangements asymmetrisch. Auch in der Blumenanordnung will der Japaner jetzt das philosophische Bild von Licht und Dunkel des Lebens zum Ausdruck bringen. Der Zen-Buddhismus, der Schönheit eher in der Bescheidenheit als im Überfluß sieht, der das Verborgene mehr schätzt als das Greifbare, übt auch heute noch in Japan einen sehr wesentlichen Einfluß auf die verschiedensten Kunstrichtungen aus.
Da im Zen-Buddhismus die Meditation eine wichtige Rolle spielt, sieht die Raumgestaltung die *Tokonoma* (Nische) an einem stillen Platz im Zimmer vor, von dem aus der Blick auch in den Garten schweifen

Tokonoma im Hause von Watanabe Sensei

kann. Der Boden des Raumes ist mit *Tatami,* dicken Reisstrohmatten, ausgelegt.
Allmählich entwickelt sich unter dem Einfluß des Zen-Buddhismus, und nicht zuletzt durch den Ritus der Teezeremonie, eine einfache, natürliche Art des Blumenarrangierens. Die Blumen sind nicht mehr ausschließlich Opfer und Huldigung an Buddha, sondern auch schmükkendes Beiwerk für die Tokonoma. Aus diesem mehr natürlichen Blumenaufbau entsteht der *Nageire-Stil,* auf den in einem späteren Kapitel eingegangen wird.

Alte Literatur über Ikebana

Das älteste Dokument über die Kunst des Blumenarrangierens, das *Sendensho,* stammt aus dem 15. Jahrhundert. In dieser Schrift sind von mehreren Ikenobo-Meistern rund 50 Regeln und Anweisungen für das

Blumenordnen in der Tokonoma zu verschiedenen Anlässen aufgezeichnet. So gibt es genaue Richtlinien für das Blumenarrangement z. B. bei Hochzeiten, dem Erwachsenwerden eines Knaben oder zum Abschied eines Samurai, der in den Kampf zieht.
Diese Regeln, deren Einfluß heute noch bei der Ikenobo-Schule spürbar ist, enthalten stark detaillierte Anordnungen. So durften z. B. bei einem Arrangement zum Abschied eines Kriegers keine Kamelien benutzt werden, weil die Blüten dieses Strauches plötzlich abfallen können. Es wäre ein schlechtes Omen für den Samurai, da er doch seinen Kopf ebenso schnell verlieren könnte wie der Kamelienstrauch die Blüten.
Kräftig rote sowie dornige Blumen mußten bei glücklichen Ereignissen vermieden werden.
Ein anderes frühes Werk, das *Sen-o-Kuden,* wurde im 16. Jahrhundert von Meister Sen-o geschrieben und hatte entscheidenden Einfluß auf die weitere Entwicklung der Rikka-Form. Meister Sen-o sagt darin unter anderem: „Seit langen Zeiten werden Blumen angeordnet, aber stets nur vom Gesichtspunkt der äußeren Erscheinung und im Hinblick auf den dekorativen Zweck. Solche Arrangements verdienen es nicht, als Kunstwerk bezeichnet zu werden, da sie weder das natürliche Landschaftsbild wiedergeben noch die Umgebung spiegeln, in der die Blumen wachsen. Darüber hinaus vermitteln sie auch nichts über die Gefühle desjenigen, der die Blumen arrangierte."
Es ist bemerkenswert, daß diese Aufzeichnungen zur gleichen Zeit gemacht wurden, als in Europa in der Renaissance, z. B. auf dem Gebiet der Malerei, ausschließlich religiöse Themen den persönlichen Äußerungen des Künstlers immer mehr weichen mußten.
Nach den Theorien von Sen-o sollen Blumen so natürlich angeordnet werden, als würden sie auf dem Feld wachsen. Da Sen-o die natürliche Ausdrucksform so betont hat, wurden seine Werke auch als Abbildungen der Natur angesehen. Sen-o hat sicherlich das Wesentliche von Ikebana angedeutet — wie es vom Japaner empfunden wird —, wenn er sagt, „das Menschenherz und die Pflanze unterliegen denselben Gesetzen im Rhythmus der Natur".

Entwicklung des Rikka- und Nageire-Stils

In der zweiten Hälfte des 16. Jahrhunderts kam es, nicht zuletzt durch die Kontakte mit Portugiesen, Chinesen, Spaniern und Holländern, zu einer sehr reichen und vielseitigen kulturellen Blütezeit. Für die Leistungen auf dem Gebiet der Architektur geben Schlösser und Burgen

heute noch Zeugnis. Auf dem Gebiet der bildenden Kunst entstanden Tuschmalereien mit — für die damalige Zeit — gewagten Motiven. Diese kulturelle Aktivität ging auch an der Blumenkunst nicht vorbei. Die steifen, formellen Buketts entwickelten sich zu prächtigen, umfangreichen Kompositionen im Rikka-Stil, die die Tokonomas der Empfangssäle des Adels zierten.
Zu gleicher Zeit, gewissermaßen als Gegensatz zu den prunkvollen Rikkas, entstand der einfache und natürlich gehaltene Nageire-Stil. Einerseits wurden die auffallenden und prächtigen Rikka-Arrangements bewundert, andererseits aber strebte man gerade nach einem Stil, dessen Kraft in Schlichtheit und Bescheidenheit zum Ausdruck kam. Mit einem Zweig oder einer Blume (maximal drei Zweige oder Blumen) sollte eine innere Stimmung dargestellt werden.
Bei der Teezeremonie (Chanoyu) sowie bei dem dazugehörigen *Chabana-Arrangement* — dem späteren Nageire —, die durch vornehme Zurückhaltung geprägt werden, ist es von großer Bedeutung, daß während der Zeremonie ein *kokoro no kayoi,* eine geistige Harmonie zwischen Gast und Gastgeber, entsteht. Die Atmosphäre von Ruhe und Einfachheit — diese Stimmung drückt der Japaner mit dem Wort *wabi* aus — soll die Gedanken auf das Wesentliche richten. Der schlichte Raum, in dem die Teezeremonie stattfindet, das Blumenarrangement und die Tuschmalerei in der Tokonoma formen den ästhetischen Rahmen, der ursprünglich zur Meditation über den Sinn des Lebens, die Freuden und Sorgen einladen will.

Popularisierung von Ikebana und Entwicklung des Shoka-Stils

Die *Tokugawa*-Familie, die ab 1603 für mehr als zweieinhalb Jahrhunderte die Macht in Japan ausübte, wählte Edo, das heutige Tokio, zur neuen Hauptstadt. Portugiesen, Spanier, Engländer und Holländer, die auf ihren Seefahrten im 16. und 17. Jahrhundert auch japanische Häfen anliefen, wurden zuerst gastfreundlich empfangen. Das Christentum, von portugiesischen Missionaren verbreitet, gewann schnell Anhänger unter den lerneifrigen Japanern. Das Regime sah jedoch in der Anwesenheit der Fremdlinge die Gefahr, eine westliche Kolonie zu werden wie einige Nachbarländer.
Im Jahre 1638 verbot die Tokugawa-Regierung daher unter Androhung der Todesstrafe jeden Kontakt mit Ausländern und dem Ausland. Die Fremden wurden aus dem Land ausgewiesen; die meisten Missionare fanden den Märtyrertod. Die Holländer bildeten die einzige Ausnahme. Sie durften im Land bleiben, mußten sich jedoch auf die kleine

Insel Deshima in der Bucht von Nagasaki im Süden Japans zurückziehen. Von den holländischen Kaufleuten, deren Heimatland in den Krieg mit Spanien verwickelt war, hatte man keine territorialen oder religiösen Ambitionen zu erwarten. Mehr als zwei Jahrhunderte lang bildete diese kleine holländische Niederlassung auf der Insel Deshima das einzige Bindeglied zur westlichen Welt.

Durch diese Politik der Absonderung begann für Japan eine recht stabile Zeitspanne, in der sich alle Kunstrichtungen gleichmäßig entwikkeln konnten und im Laufe der Zeit immer mehr auch der gehobenen Bürgerschicht zugänglich wurden. Bis Ende des 18. Jahrhunderts war das Arrangieren von Blumen ein männliches Privileg der Adels-, Priester- und Kriegerklasse — mit Ausnahme von einigen Prinzessinnen des kaiserlichen Hofes. Jetzt durften auch die Frauen und Töchter reicher Kaufleute sich in dieser Kunst unterrichten lassen. Ikebana wurde zum Statussymbol.

Der Rikka-Stil, der inzwischen durch immer neue Regeln nicht nur zu kompliziert geworden war, sondern auch in der Form erstarrt wirkte, wurde durch einen neuen Stil, den *Shoka,* leicht verdrängt.

Shoka heißt „lebendige Blumen". Er entwickelte sich Ende des 18. Jahrhunderts aus dem Rikka-Stil. Die elegante Linienführung des Shoka sprach ein breites Publikum an. Diese allgemeine Beliebtheit ist bis heute erhalten.

Einfluß der westlichen Welt und die Entstehung moderner Ikebana-Formen

Um die Mitte des vorigen Jahrhunderts wurde die Isolation Japans gewaltsam gebrochen. Japan hatte sich bewußt vom Weltgeschehen abgeschlossen, um seine Unabhängigkeit zu erhalten. Um seine Autonomie zu sichern, war es jetzt gezwungen, sich den Errungenschaften des Westens zu öffnen und sie für sich zu nutzen. Den imperialistischen Mächten konnte es nur gewachsen sein, wenn eine eigene Industrie entwikkelt und eine starke Flotte aufgebaut wurde.

Die derzeitige Regierung, das militärische Tokugawa-Shogunat, war dieser spontanen Entwicklung nicht gewachsen und mußte Kaiser *Meiji* (1868 – 1912) Platz machen. Kaiser Meiji gründete durch ein großangelegtes Reformprogramm, auf der Basis westlicher Forschung und Technik, ein neues Japan.

Der Meiji-Regierung kam es aber nicht nur darauf an, Japan zu einer wirtschaftlich starken Nation zu machen. Das Regime wollte als Kulturträger die alten geistigen und sittlichen Werte erhalten. Deshalb

wurde in die Lehrpläne der Schulen ein neues Unterrichtsfach aufgenommen — der Unterricht in Moral und geistiger Disziplin. Ikebana erschien den Verantwortlichen nun als geeignetes Mittel, japanisches Kulturgut zu pflegen. Gegen Ende des 19. Jahrhunderts wurde an vielen Mädchenschulen Unterricht in Ikebana erteilt.
Durch diese Reformbewegungen und den westlichen Einfluß empfing auch Ikebana neue Impulse. Aus dem Ausland importierte Blumen regten zu neuen, freieren Formen an. Der *Moribana-Stil* entstand. Einige Jahre später sah man die ersten „Avantgarde"-Arrangements, die an keinen besonderen Stil mehr gebunden waren, sondern zum freien Ausdrucksmittel des Künstlers wurden.
Bis zum 19. Jahrhundert war die Ikebana-Kunst fast ausschließlich durch die Lehrmeister der Ikenobo-Schule weitergegeben worden. Durch die neuen, freieren Strömungen im gebildeten Japan entstanden nun gegen Ende des Jahrhunderts auch andere Ikebana-Schulen wie z. B. Ohara und später Sogetsu. Besonders die Sogetsu-Schule löste sich von vielen herkömmlichen Regeln und verwendete neben Blumen und Zweigen auch Holz, Metall und Skulpturen für Arrangements. So entstand oft eher der Eindruck einer Bildplastik. Die Anhänger dieses *Jiyubana* (an keine Form gebundener Stil) holten Ikebana aus der Tokonoma heraus und stellten ihre Werke nach eigenem Geschmack auf. Für ein Land wie Japan, in dem bislang die Tradition das ganze Leben lenkte, war dieser mutige Durchbruch, sich schöpferisch frei äußern zu wollen, eine Sensation.

Die heutige Ikenobo-Schule

Im modernen Japan, wo das Leben durch wirtschaftlichen Aufschwung von Ruhelosigkeit und ständigen Veränderungen gezeichnet ist, erfreut sich Ikebana gerade wegen seiner Grundidee von Ruhe und Meditation, Gelassenheit und stiller Schönheit in zunehmendem Maße ungeahnter Beliebtheit. An Ikebana-Instituten, an Universitäten, in Schulen, in Blumenläden und bei Privatlehrern, überall im Land besteht die Möglichkeit, Ikebana-Unterricht zu nehmen. Sogar große Industriekonzerne bieten ihrem Personal die Gelegenheit, sich nach Arbeitsschluß in betriebseigenen Räumen mit Ikebana zu befassen.
Die Ikenobo-Schule mit ihrer mehr als 1200 Jahre alten Geschichte fühlt sich als Beschützerin alter Ikebana-Tradition, als Vermittlerin geistiger Werte und der Regeln von klassischen Formen sowie als Erneuerin dieser Kunstform in unserer Zeit.
Der heutige Großmeister der Ikenobo-Schule, Senei Ikenobo, wohnt

Seminarraum im Tempelgarten der Ikenobo-Schule in Kyoto.

beim Rokkakudo-Tempel in Kyoto. Er symbolisiert die lebendige Tradition von Ikenobo-Ikebana und versteht es, diese Überlieferung mit der Gegenwart zu verbinden. Anläßlich des 100jährigen Bestehens der japanisch-niederländischen diplomatischen Beziehungen hielt sich Senei Ikenobo zehn Tage in Holland auf und gab eine Reihe von Vorführungen in mehreren Städten. — Der Vater von Senei, Seni, gründete das heutige Ikenobo-Institut in Kyoto und später auch in Tokio. Beide Institute sind in modernen Gebäuden untergebracht, in denen je 2000 Schülerinnen und Schüler unterrichtet werden können. Insgesamt hat die Ikenobo-Schule in Japan 300 Abteilungen mit mehr als 2 Millionen Schülern. Seit 1960 ist die Ikenobo-Schule durch eine stets zunehmende Anzahl von Niederlassungen in Amerika, Kanada und Europa vertreten.

Viele der im 19. und 20. Jahrhundert gegründeten Ikebana-Schulen finden ihren Ursprung bei Ikenobo. In dieser ältesten Ikebana-Schule Japans werden neben modernen Formen, wie Moribana und Jiyubana, noch stets die klassischen Stilarten — Nageire, Rikka, Shoka — gepflegt und gelehrt.

Symbolik

Amaterasu, die Sonnengöttin

In der legendären, vorbuddhistischen Shinto-Sonnengöttin, Amaterasu Omikami, der Gründerin des japanischen Kaiserhauses — dem sie Macht verlieh, über Land und Volk zu herrschen für alle Zeiten —, wird auch gern der Ursprung von Ikebana gesehen.
Nach einer Sage war die Sonnengöttin einst so erzürnt über ihren jüngeren Bruder, daß sie sich in eine Grotte zurückzog und den Ausgang mit einem Felsblock versperrte. Dadurch lag die Welt in tiefer Dunkelheit. Die Besorgnis unter den anderen Göttern war groß, und sie beratschlagten untereinander, mit welcher List sie Amaterasu wieder zum Vorschein locken könnten. Einer der weisen Götter kam auf die Idee, einen mit Spiegeln, Juwelen und bunten Bändern verzierten *Sakagi-Baum* (Cleyera ochnacea) vor den Grotteneingang zu pflanzen. Sie ließen Musik erklingen und tanzten dazu. Die Sonnengöttin, neugierig geworden durch das fröhliche Treiben, schaute hinaus und machte einige Schritte auf den buntgeschmückten Baum zu. Im gleichen Augenblick streckte der Gott der Kraft seinen Arm aus, rollte den Felsblock ganz zurück und zog Amaterasu Omikami aus der Höhle. So wurde der Welt das Licht zurückgegeben.
Im Ise-Tempel, wo der Geist der Sonnengöttin verehrt wird, finden wir einen Brauch aus früher Vorzeit, als die Japaner ihren Berggott noch in einem alten hohen Baum verkörpert sahen. Alle zwanzig Jahre wird der aus Zedernholz gebaute Ise-Tempel abgebrochen und dicht neben der ehemaligen Stelle neu aufgebaut. Auf den nun frei gewordenen Platz wird der für die Shintogläubigen heilige Sakagi-Baum gepflanzt, dessen Zweige bei allen Shintozeremonien verwendet werden. Aber auch auf Familienaltären findet man stets einen dieser immergrünen Zweige. — Die bunten Bänder am legendären Sakagi-Baum vor der Grotte sind heute Papierstreifen, mit denen die Bäume vor den Shinto-Tempeln behangen werden. Viele Japaner glauben, daß der Spiegel des mystischen Baumes sich im kaiserlichen Palast befindet und die Juwelen im Ise-Tempel auf der Halbinsel Ise bewahrt werden.

Symbolik in den Blumenarrangements

Mit der Einführung des Buddhismus im 7. Jahrhundert beginnt man, wie bereits erwähnt, Blumen und Pflanzen auf den Altären der Tempel zu arrangieren. Das Verhältnis zur Pflanzenwelt wird vertieft durch die im Blumenopfer ausgedrückte Symbolik. Der Linienaufbau eines Arrangements will das Verhältnis des Menschen zur Natur und höheren Wesen zum Ausdruck bringen. Auch in späteren Jahrhunderten begegnen wir dieser Philosophie, und zwar in der Andeutung der drei Hauptlinien *Shin* — Himmel (Wahrheit), *Soe* — Mensch, *Tai* — Erde.
Der in buddhistischen Schriften wiederholt erwähnte heilige Berg Meru wird im Rikka-Arrangement symbolisch wiedergegeben. Später wird mit einer Rikka-Komposition ganz allgemein die japanische Landschaft dargestellt. Ein Blumenarrangement soll auch den kosmisch-philosophischen Sinn von Licht – Dunkel, Sonne – Schatten, von aktiv – passiv, männlich – weiblich erkennen lassen. Laut östlicher Philosophie herrscht Ordnung im Weltall, wenn diese Gegensätze einander die Waage halten.

Die Chrysantheme als Emblem der kaiserlichen Familie

Die Chrysantheme, als beliebteste Blume Japans, versinnbildlicht nicht nur den Herbst, sondern auch Reife, Würde und langes Leben. Vor mehr als tausend Jahren wurde die Chrysantheme von China nach Japan eingeführt. Jahrhundertelang haben die Japaner diese Blume gehegt und zu immer neuen Variationen in Form und Farbe weiterkultiviert.
Die Chrysantheme wird gerne bei festlichen Ereignissen verwendet. Die 16blättrige Blüte ist im Wappen des japanischen Kaiserhauses abgebildet und ziert deswegen viele Gegenstände der kaiserlichen Familie. Vor dem 2. Weltkrieg war es dem japanischen Bürger untersagt, eine 16blättrige Chrysanthemenblüte anzuschauen. Wurde aber trotzdem eine solche Blume auf einer Ausstellung gezeigt, dann bedeckte man die Blüte mit einem Stück Papier, damit sie gegen die profanen Blicke der Besucher abgeschirmt war.
Das Wort Chrysanthemum kommt aus dem Griechischen, chrysos = golden und anthemion = Blüte (Blume), wörtlich also: goldene Blüte, wobei „golden“ sich auf die Farbe der Sonne bezieht. Obwohl bei der japanischen Flagge der rote Kreis auf weißem Grund (Hi-no-maru) Ursprung oder Aufgang der Sonne symbolisieren soll, wird noch zuweilen die 16blätterige Chrysantheme in diesem Emblem gesehen.

Lockt im Frühjahr die Kirschblüte viele begeisterte Menschen ins Freie, so pilgern im Herbst Tausende in die Parkanlagen, um die Chrysanthemen zu bewundern. Neben den verschiedensten Sorten und Farben kann der Besucher auch Züchtungen bewundern, wo Hunderte von Chrysanthemenblüten zugleich einem einzigen Wurzelstamm entspringen. Sie sind wie ein Weinstock oder Spalierbaum zu symmetrischen Gebilden von ca. 2×3 m gezogen. Es grenzt an ein Wunder, daß Gärtner es jedes Jahr aufs neue fertigbringen, die so zahlreichen, gleich großen und ebenmäßigen Blüten zu einem bestimmten Zeitpunkt erblühen zu lassen. Viele der kleinblumigen Chrysanthemensorten sind zu bestimmten Formen gezüchtet oder gestutzt worden. So sieht man z. B. aus einer Pflanze viele übereinanderhängende Blumen hervorsprießen, die einen Wasserfall symbolisieren sollen.

Sakura, die nationale Blume

Kirschbäume werden in Japan in erster Linie ihrer Blüten, selten der Früchte wegen gepflanzt. Die Kirschblüte ist sehr beliebt, und es gibt kaum eine Familie, die nicht einen freien Tag im Frühling dazu benützt, um die Schönheit dieser Blütenpracht zu bewundern. In Tokio z. B. pilgern die Leute nach Shinjuku-Koen, einem großen Park mitten in der Stadt, wo Tausende von Kirschbäumen drei bis vier Tage lang in voller Blüte stehen.

Die verschwenderische Schönheit der Kirschblüten wird in vielen Versen und Liedern besungen. Während die Pflaumenblüte als Symbol des Weiblichen angesehen wird, verkörpert die Kirschblüte das Männliche. Man glaubt den Ursprung dieser Deutung darin zu sehen, daß man früher die Kirschblüte mit der Ausbildung und Erziehung der Samurai in Verbindung brachte. Verglichen mit der Kirsche, die ganz plötzlich — und nur für sehr kurze Zeit — zur Blüte kommt, soll auch der seinem Herrn treu ergebene Samurai ohne Zögern sofort bereit sein, für seinen Gebieter einzutreten und freudig dem Tod entgegenzugehen. Eine weitere Übereinstimmung mit diesem Vergleich ist die Ansicht, daß eine einzelne Blüte unscheinbar ist, die Menge unzählbarer Blüten eines Baumes aber ein Bild großer Schönheit bietet. So ist auch der einzelne Samurai völlig unbedeutend — es zählt nur, was mit vereinten Kräften erreicht und erkämpft wird und der daraus entstandene Ruhm. So symbolisiert die Kirschblüte auch Gehorsam und Ritterlichkeit.

Die Weide als Symbol der Freude und neuen Lebens

Den Laubfrosch mit der Silberweide in Verbindung zu bringen ist eine typisch japanische Assoziation, die auf einer Geschichte beruht, die man sich über den japanischen Edelmann Ono-no-tofu erzählt, der im 10. Jahrhundert lebte. Er hatte bereits ein gesegnetes Alter von 65 Jahren erreicht. In all den Jahren war es ihm trotz großer Bemühungen nicht gelungen, sich die Kunst der Kalligraphie, der Schönschrift der schwierigen chinesischen Schriftzeichen, anzueignen. Eines Tages, als er an einem Fluß spazierenging, bemerkte er einen Frosch, der mühsam versuchte, auf das Blatt eines herabhängenden Weidenzweiges zu hüpfen. Der Frosch probierte unermüdlich, bis es ihm schließlich beim siebten Sprung gelang, das Blatt zu erreichen. Ono-no-tofu war vom Durchhaltevermögen des kleinen Wesens so beeindruckt, daß er in sein Haus zurückkehrte und beschloß, dem Laubfrosch in der Beharrlichkeit in nichts nachzustehen. Mit frischer Kraft widmete er sich erneut den kalligraphischen Studien und wurde später einer der berühmtesten Kalligraphen seiner Zeit.
Diese Legende hat sich bis in unsere Zeit erhalten. Und so setzt man heute noch gerne einen Laubfrosch zu einem Weidenarrangement; auch findet man den Weidenzweig mit dem grünen Frosch darunter als Motiv auf kleinen lackierten Tischen, die gerne bei kalligraphischen Übungen benutzt werden.
Die Silberweide, bei uns wegen ihrer lang herabhängenden Zweige auch „Trauerweide“ genannt, ruft beim Japaner keineswegs traurige Gefühle hervor; sie ist vielmehr, weil sie so früh im Jahr schon grünt, ein Symbol für neues Leben und Freude. Die langen bis zum Boden herabhängenden Zweige sind Sinnbild für ein langes Leben.

Arrangements zu Festen im Jahreslauf und ihre Symbolik

Im Laufe eines Kalenderjahres feiert der Japaner zahlreiche Feste, deren Bedeutung jeweils durch ein entsprechendes Blumenarrangement versinnbildlicht wird.

1. Januar — erster Tag des ersten Monats — Neujahr

Das neue Jahr beginnt mit einer Zusammenstellung von Pflaumen-, Kiefern- und Bambuszweigen. Dieses Arrangement gilt auch bei anderen glücklichen Ereignissen als Sinnbild für Glück und langes Leben. Gleichzeitig hat jeder einzelne Zweig seine eigene Bedeutung. Es ist bemerkenswert, daß der Pflaumenbaum, der mit seinen Blüten als erster den Frühling verkündet und oft schon blüht, wenn der Schnee noch nicht gewichen ist und darum Ausdauer auch unter widrigen Umständen zum Ausdruck bringt, Symbol für japanische Weiblichkeit ist. Die Kiefer drückt Erfolg und Wohlergehen aus, da ihre Nadeln immer grün sind. Bambus, den selbst ein Taifun nicht entwurzeln kann, symbolisiert Zuverlässigkeit und Aufrichtigkeit.

3. März — dritter Tag im dritten Monat — Mädchentag

Am 3. März wird in Japan *Ohina-sama,* der Mädchentag, gefeiert. Jede Familie, die Töchter hat, stellt in der Tokonoma besondere Puppen auf, die die kaiserliche Familie samt Hofstaat darstellen. So eine Puppensammlung kann sehr umfangreich sein und vererbt sich von der Mutter auf die Tochter. Doch ohne ein traditionelles Arrangement aus Pfirsichzweigen und Raps (brassica rapa) ist der Puppenaufbau unvollständig. Die Pfirsichblüte wird speziell an diesem Tag als Sinnbild für die weiblichen Tugenden wie Sanftmut und Freundlichkeit verwendet.

5. Mai — fünfter Tag des fünften Monats — Knabentag

Als Äquivalent zum Mädchentag wird am 5. Mai der Knabentag, *Tango-no-sekku,* gefeiert. Die Iris, und zwar die japanische Iris Shobu-nohana, ist die Blume dieses Tages. Das Wort „Shobu" steht im Japanischen auch für militärische Tapferkeit, und das Blatt der Iris läßt auf ein Schwert schließen. Im alten feudalen Japan war das Schwert ein Privileg der Samurai, die eine höhere Kaste darstellten als Kaufleute und Bauern. Dem Iris-Arrangement in der Tokonoma stellt man gerne ein oder zwei Samurai-Puppen oder eine Miniatur-Waffenrüstung aus Helm und Harnisch bei. Auch außerhalb des Hauses wird gezeigt, daß Söhne in der Familie sind. An einer hohen Bambusstange flattern Karpfenfiguren aus Stoff, *koi-no-bori.* An der Anzahl der „Karpfen" kann man sehen, wieviel Söhne das Haus hat. Die Irisblumen symbolisieren Tapferkeit, Aufrichtigkeit und Männlichkeit. Da der Karpfen gegen den Strom schwimmen kann, ist er das Sinnbild für Mut und Durchsetzungsvermögen.

6. Traditionelles Herbstarrangement — Nanakusa

Mit den „sieben Gräsern des Herbstes“ (nana = sieben, kusa = Gräser) sind bestimmte wildwachsende Blumen und Gräser gemeint, die vor mehr als tausend Jahren von Ojura Yamanoue besungen und dadurch unsterblich gemacht wurden. Diese sieben Blumen, denen man auf einem Herbstspaziergang durch die japanische Landschaft begegnet, heißen:
Miscanthus (Stielblütengras)
Patrinia (Goldbaldrian)
Platycodon (Ballonblume)
Dianthus praecox (kleine Nelke)
Eupatorium cacabium (Kunigundenkraut)
Aster salignus
Puereia hirsuta Matsum (japanische Kletterpflanze)
Sie werden heute noch für ein herkömmliches Herbstarrangement zusammengestellt, das seinen festen Platz im Repertoire fast aller japanischer Ikebanaschulen hat.

Allgemeine Richtlinien für Ikenobo-Ikebana-Arrangements

Im folgenden Teil werden wir die verschiedenen klassischen Ikebana-Formen der Ikenobo-Schule kennenlernen: Rikka, Shoka und Nageire; außerdem die beiden modernen Arten Moribana und Jiyubana, den freien Stil. Letztere nennt man modern, weil sie sich erst in diesem Jahrhundert entwickelten. Das Kennzeichen jedes Ikebana-Arrangements ist sein asymmetrischer Aufbau. Dadurch gewinnt es an Tiefe und wirkt lebendig. Die Anzahl der Hauptlinien ist stets ungerade. Meistens sind es drei, nämlich Shin (Himmel), Soe (Mensch) und Tai (Erde). Diese Linien können durch Hilfslinien ergänzt werden, jedoch muß immer eine harmonische Komposition aus einer ungeraden Anzahl von Zweigen und Blumen entstehen. Wenn auch bei den moderneren, freieren Formen Ausnahmen gemacht werden, wird der Japaner die Anzahl vier vermeiden, denn die Aussprache von vier gleicht im Japanischen dem Wort für Tod.
Als feste Regel für alle japanischen Blumengestecke gilt: Nichts darf überladen sein, jede einzelne Linie muß Raum haben, zur Geltung kommen und „sprechen". Das Gefäß darf deswegen auch niemals voller Blumen und Zweige sein, wenigstens die Hälfte der Fläche sollte frei bleiben. Obgleich es für die Länge der Zweige und Blumen Richtlinien gibt, sollten sie nicht starr angewandt werden, weil jeder Zweig und jede Blume durch ihre Form eine ganz bestimmte Stellung und Aussage im Linienspiel bekommen. Grundsätzlich sollte man sich folgende Regeln zu eigen machen:

1. Das Größenverhältnis von Gefäß und Pflanzenmaterial muß ausgewogen sein.
2. Material und Linienführung sollten kontrastreich sein, z. B. kurz – lang, schwer – graziös, kräftig – zart.
3. Ein klassisches Gesteck soll natürlichen Wuchs, ein Stück Natur, zum Ausdruck bringen.
4. Zwei Blumen oder Zweige dürfen nicht die gleiche Länge haben.
5. Ein Ikebana-Arrangement läßt die Jahreszeit sprechen. Man vermeidet z. B. im Frühjahr Zweige mit Beeren.

6. Es ist ratsam, beim Arrangieren an ein bestimmtes Thema zu denken.
7. Um die Komposition der Linien hervorzuheben, werden überflüssige Pflanzenteile weggeschnitten.
8. Ein Ikebana-Arrangement verlangt einen ruhigen Hintergrund.

Rikka-Kompositionen

Alle Ikebana-Formen, die wir heute kennen, lassen sich vom klassischen Rikka-Stil ableiten. Wenn auch der eigenen Inspiration und Phantasie heute mehr Raum gegeben wird, so sind besonders bei Rikka noch immer eine Reihe von festen Regeln zu beachten.

Hauptlinien

Wir unterscheiden bei Rikka neun Hauptlinien, sogenannte *yaku-eda,* die ursprünglich ein japanisches Landschaftsbild mit Bergen, Wasserfällen, Dörfern und Hügeln versinnbildlichten (siehe Abbildung 1).

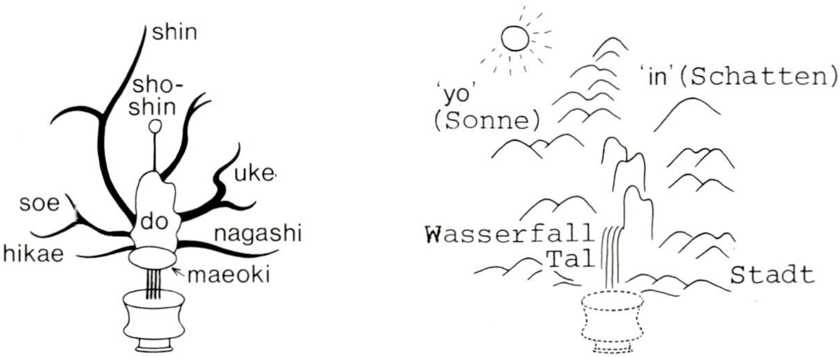

Abb. 1. Klassisches Rikka, Wiedergabe einer japanischen Landschaft

Rikka — Noki-shin „Morgendämmerung".
Besonders durch die Farbkomposition des gewählten Materials — Weißdorn, Birnbaumzweige, ein alter Kiefernast, Amaryllis, Iris, Narzissen und Anthuriumblatt — liegt über diesem Arrangement eine Atmosphäre der Unberührtheit. Diese Stimmung können wir z. B. bei einer Morgenwanderung durch den Wald erfahren.

Name	*Funktion*	*Symbol*
Shin	Hauptlinie	Himmel, Wahrheit, hoher Berg
Soe	ergänzende Linie	Berg
Uke	ausgleichende Linie gegenüber Shin	
Shoshin	steil	Wasserfall
Nagashi	fließend	Stadt
Hikae	ausgleichend gegenüber Nagashi	Hügelkette
Mikoshi	überhängend	ferne Berge
Do	füllend	
Maeoki	vordere Linie	kleine Hügel

Soe und *Uke* dürfen beim modernen Rikka-Arrangement auch weggelassen werden. Die Anzahl der Hauptlinien (7 oder 9) entspricht wieder der traditionellen Vorliebe des Japaners für ungerade Zahlen; denn Schönheit ist veränderlich, und Beweglichkeit kann man besser durch ungerade Zahlen ausdrücken, weil die geraden an Symmetrie erinnern.

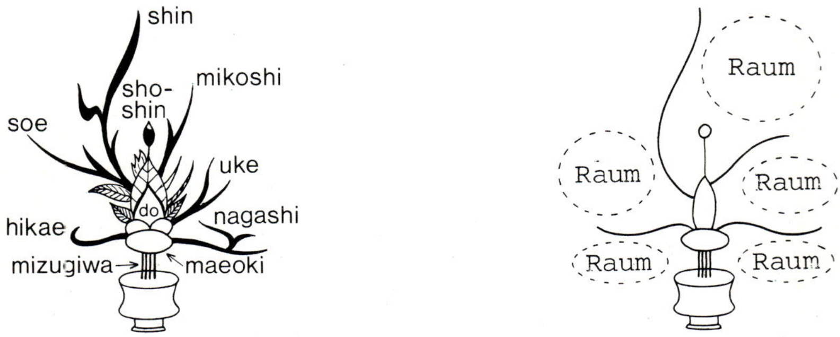

Abb. 2. links klassisches Rikka, rechts modernes Rikka

Rikka — Shohin „Frühlingsregen"
Die etwas statische, Ruhe ausstrahlende Wirkung der Asphidistra-Blätter steht im Gegensatz zu den leichten, beweglichen Linien der Trauerweidenzweige. Durch den sparsamen Gebrauch von Blumen wird eine Frühlingsstimmung wiedergegeben. Das warme Orange der Lilien bildet das Herz dieses Arrangements.

Linienspiel im Raum

Ein typisches Merkmal für Rikka ist — neben der Asymmetrie — der freie Raum zwischen den einzelnen Hauptlinien. Dieser freie Raum ist ebenso wichtig wie die Linien selbst, denn dadurch wird die Schönheit jeder Linie unterstrichen. Ungeübte lassen sich gewiß verleiten, hier und dort noch Blumen oder Zweige beizufügen. Der erfahrene Ikebana-Freund weiß aber, daß gerade in der Beschränkung auf das Wesentliche die Schönheit eines Arrangements liegt. Ganz allgemein kann bei Ikebana gesagt werden, daß die Schönheit einer Linie immer wichtiger ist als die Farben, obwohl die Farben beim modernen Rikka eine große Rolle spielen. — Die Abbildung 2, auf Seite 28, zeigt beim modernen Rikka mehr freien Raum als beim klassischen Arrangement.

Mizugiwa

Bei Rikka muß besonders darauf geachtet werden, daß Zweige und Blumen zunächst senkrecht gebündelt aus der Vase herauskommen, um sich erst ca. 10 cm über dem Wasserspiegel des Gefäßes, dem *Mizugiwa* (mizu = Wasser, giwa = Rand) befreiend zu verzweigen. Die Ikenobo-Schule lehrt, daß auch in der Natur die Pflanzen erst nach oben zum Licht streben, um sich später zu verzweigen. So sollen auch Blumen und Zweige erst gebündelt und aufrecht sich aus dem Gefäß erheben, um dann nach den verschiedenen Richtungen auseinanderzustreben.

Rechts- und linksseitige Arrangements

Die Form und Biegung des Hauptzweiges Shin bestimmt, ob das Arrangement *hongatte* (rechtsseitig) oder *giakugatte* (linksseitig) werden wird. Alle anderen Zweige richten sich in ihrer Linienführung nach Shin. Auf Seite 33 ist ein rechtsseitiges Rikka-Arrangement abgebildet.

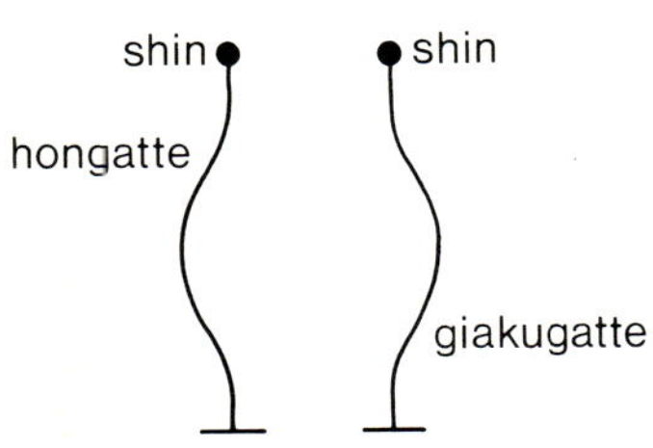

Abb. 3. Rechts- oder linksseitiges Arrangement

Die drei Rikka-Grundformen

Die beiden markantesten Rikka-Formen sind *Sugu-shin* und *Noki-shin.* Während bei Sugu-shin der Shin-Zweig aufrecht steht, ist er bei Noki-shin gebogen. Dadurch wirkt der formelle Rikka-Stil aufgelokkert. Ein Noki-shin-Rikka ist auf Seite 27 abgebildet.

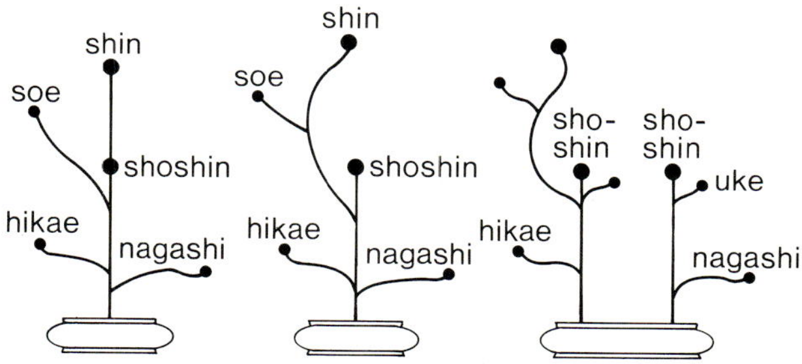

Abb. 4. links Sugu-shin, Mitte Noki-shin, rechts Suna-mono

Rikka — Suna-mono „Frühlingssymphonie"
Diese zweiteilige Rikka-Komposition gibt in überschwenglichen Farben die Freude am Frühling wieder. Herrlich harmonieren die mattglänzenden, rotbraunen Blätter des Prunus mit den zarten, weißen Birnbaumblüten und dem Rot der Amaryllis und Azaleen. Die Keramikschale wurde eigens für dieses Ikebana entworfen.

Die dritte Rikka-Form ist *Suna-mono.* Wörtlich heißt das „Sandgesteck". Der Name geht auf eine klassische Rikka-Komposition zurück. Die Blumen und Zweige ordnete man in einer langen, flachen, sandgefüllten Schale an, um den Eindruck zu wecken, die Pflanzen wüchsen aus dem Erdboden (siehe Beispiel Seite 31). Heute meint man mit einem Suna-mono ein zweiteiliges Rikka-Arrangement, dessen höhere, größere Gruppe das Männliche und die kleinere, zierlichere das Weibliche darstellen.

Im Gegensatz zum klassischen Rikka, bei dem viele Regeln strikt befolgt werden mußten und müssen, legt man beim modernen Rikka Wert auf eine freiere, phantasievolle Gestaltung der meist nur 7 Hauptlinien. Die Abbildung auf Seite 33 zeigt ein Beispiel einer modernen Rikka-Form, das durch das graziöse Linienspiel der Weidenkätzchen nur noch wenig von der klassischen Strenge ahnen läßt, ohne jedoch von der Grundkonzeption abzuweichen.

Technischer Aufbau eines Rikka

Shin: Der Shin-Zweig, seit den ersten *Tatebana-Arrangements* stets Mittelpunkt des Gesamten, braucht beim modernen Rikka seine vertikale Richtung nicht streng einzuhalten; er darf auch horizontal verlaufen. Der Shin-Zweig variiert zwischen zweieinhalb- bis vierfacher Gefäßgröße. Diese ergibt sich aus der Höhe und Breite des Behälters (siehe Abbildung 5).

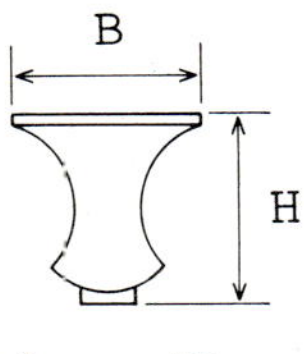

Abb. 5.
Gefäßmaß = Höhe + Breite

Soe: Soe soll Shin in der Wirkung stützen und dem Gesteck Tiefe verleihen. Der Zweig wird im *Kenzan* (Blumenigel) neben Shin befestigt und neigt sich in einem Winkel von ca. 30° bis 45° leicht nach hinten.
Uke: Auf Uke kann man — ebenso wie auf Soe — beim modernen Rikka verzichten. Diese Linie soll die Kraft oder auch Schwere von Shin ausgleichen und wird deswegen gegenüber von Soe neben Shin befestigt. Uke darf zwar aus dem gleichen Material wie Shin bestehen, muß aber absolut bescheidener sein.
Shoshin: Shoshin ist meistens zwei Drittel von Shin und soll als Herz des Arrangements dem Auge des Betrachters einen Ruhepunkt bieten.

Rikka — Shohin „Er ist's"
Plötzlich ist der Frühling da! Das Linienspiel der Weidenkätzchen unterstreicht die ungestüme Kraft mit der die Natur ans Licht drängt. Iris, Tulpen und Azaleen vervollständigen dieses Frühlings-Ikebana. Es ist ein Beispiel der modernen Interpretation des Rikka-Stils, des sogenannten *Shohin,* d. h. kleines Rikka. Dabei ist nicht der an strenge Regeln gebundene Aufbau maßgebend, sondern vielmehr die eigene, künstlerische Inspiration.

Do: Als Gegensatz zum aufstrebenden Shoshin soll Do dem Gesteck Fülle und Volumen verleihen. Außerdem gibt diese Gruppe der Komposition Harmonie und Stabilität, da die anderen Linien von Do aus in die verschiedensten Richtungen weisen. Do beträgt etwa ein Drittel an Höhe und auch an Umfang des Ganzen und wird im Kenzan vor Shoshin befestigt.
Maeoki: Maeoki wird als niedrigster Teil vor Do in den Kenzan gesteckt und weist direkt nach vorne. Obwohl er nicht sehr groß ist, unterstützt er doch visuell durch die Formschönheit des gewählten Materials (meistens Blätter) die Schwere der Linien über ihm.
Nagashi: Im Gegensatz zu Shoshin soll der Nagashi-Zweig spielerische Bewegung in das Arrangement bringen. Nagashi steht hinter Uke und richtet sich ungefähr eine Handbreit über dem Wasserspiegel im Winkel von ca. 45° seitlich nach vorne. Die Linie mißt die Hälfte bis zwei Drittel von Shin. Leicht biegsames Pflanzenmaterial eignet sich am besten für Nagashi.
Mikoshi: Beim klassischen Rikka vermittelt die Mikoshi-Linie den Eindruck von Bergen in der Ferne. Auch der modernen Rikka-Komposition verleiht sie eine dritte Dimension, gibt Tiefe und vollendet Shin und Shoshin. Im Kenzan steht der Zweig hinter Shin. Er ist kürzer als Shin, aber länger als Shoshin.
Hikae: Diese Linie ist der Ausgleich zu Nagashi und steht deswegen im Kenzan ihm gegenüber und hinter Soe. Hikae beträgt nur ein Drittel bis maximal die Hälfte der Länge von Nagashi und neigt sich etwas höher als dieser in einem Winkel von 45° schräg nach hinten.

1 shin
2 soe
3 uke
4 nagashi
5 shoshin
6 do
7 maeoki
8 hikae
9 mikoshi

Abb. 6. Position der Hauptlinien bei Rikka im Kenzan

Shoka — Nishu-ike „Linde Lüfte"
Eine Komposition aus Weidenkätzchen und Schwertlilien, die das Versprechen vom kommenden Frühling in sich tragen.

Shoka-Kompositionen

Ebenso wie beim Rikka-Stil ist es auch für Shoka typisch, daß alle Zweige und Blumen zunächst senkrecht gebündelt aus der Vase emporsteigen, um sich erst etwa 10 cm über dem Wasserspiegel befreiend zu verzweigen (Mizugiwa).
Wie schon erwähnt, stellt der Japaner sein Blumenarrangement in die Tokonoma (Nische), die man auch heute noch in modernen japanischen Wohnungen antrifft. Außer den Blumen befindet sich dort meistens eine *Kakemono,* eine Pinselzeichnung, die dem Blumenarrangement angepaßt ist. Auch heute noch hält man ein Shoka für die Tokonoma am geeignetsten. Die elegante Linienführung, die durch ihre Schlichtheit beeindruckt, paßt sich der feinen Umgebung der Tokonoma besonders gut an. Obwohl dieser traditionelle Ehrenplatz in der modernen Wohnung stets kleiner wird, hat sich der Shoka-Stil doch erhalten.

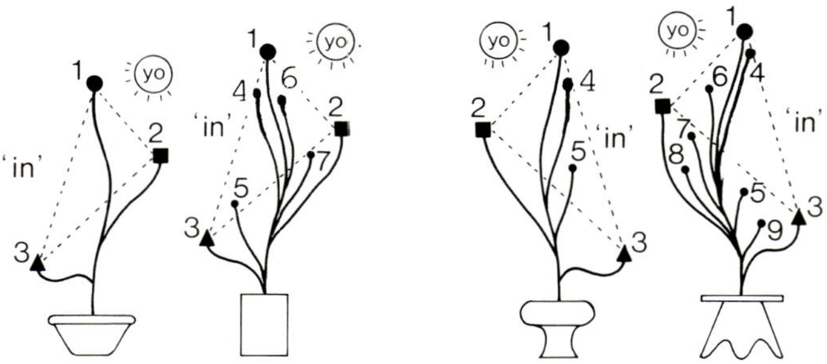

1 shin
2 soe
3 tai
4 shin-ushiro
5 tai-ashirai
6 shinmae
7 soe-ashirai
8 soe-ashirai
9 tai-ashirai

Abb. 7. Linksseitige Arrangements und rechtsseitige Arrangements

Shoka — Nishu-ike „Blütenflor"
Die Kirschbäume blühen! Wir sind erfreut und überrascht, ihre Blütenpracht so plötzlich wiedersehen zu dürfen. Kirsch- und Kiefernzweige sind eine klassisch-japanische Kombination. Dieses Shoka aus zwei Materialien ist nach alten Regeln aufgebaut. Der Kiefernzweig muß hinter den Kirschzweigen stehen, so daß ihre weißen Blüten noch besser zur Geltung kommen. Die voll erblühten Zweige werden tief, die knospigen Zweige hoch in die Schale angeordnet, um anzudeuten, daß es noch früh im Jahr ist und nur am Fuß des Berges die Bäume schon in voller Blüte stehen.
Die Keramikschale mit ihrer schlichten Form und ihren gedämpften Farben lenkt die Aufmerksamkeit vom Arrangement nicht ab, sondern bildet einen Teil des Ganzen.

Ein Shoka hat drei Hauptlinien. Shin, die sogenannte Grundlinie, ist der längste Zweig. Kürzer als Shin ist Soe, die ergänzende Linie. Tai ist der kürzeste Zweig, eine vorne angeordnete Linie. Zusammen bilden Shin, Soe und Tai mit ihren Enden ein ungleichseitiges Dreieck. Dadurch wird das Arrangement asymmetrisch und erhält Tiefe. Die drei Hauptlinien können durch Hilfslinien, die *Ashirai,* ergänzt werden. Dabei muß darauf geachtet werden, daß stets eine ungerade Anzahl Zweige und Blumen verarbeitet werden, also 5, 7, 9 usw. (siehe Abbildung 7, Seite 36), die in einer Linie hintereinander im Kenzan angeordnet werden.

Ein Shoka-Arrangement besteht aus höchstens drei verschiedenen Materialien; man spricht dann von *Isshu-ike* (eine Sorte), *Nishu-ike* (zwei Sorten) und *Sanshu-ike* (drei Sorten).

Ebenso wie bei Rikka haben wir auch bei Shoka — abhängig von der Biegung des Shin — ein rechts- (hongatte) oder linksseitiges (giakugatte) Arrangement. Rechtsseitige Arrangements sind auf den Seiten 35 und 37 abgebildet. Die Linie von Shin bestimmt auch die Richtungen von Soe und Tai. Weicht Shin von der sinnbildlichen Vertikalen ab, wird dadurch das gesamte Arrangement in seiner Stimmung beeinflußt. Es gibt:

1. den Shin-Stil, den formellen Stil, wenn er fast ohne Biegung senkrecht nach oben strebt;

2. den Gyo-Stil, den halbformellen Stil, wenn Shin einen Winkel von mehr als 15° hat;

3. den So-Stil, den informellen Stil, wenn Shin einen weiten Bogen macht.

Zu jeder dieser Variationen gehört eine bestimmte Vasenart (siehe

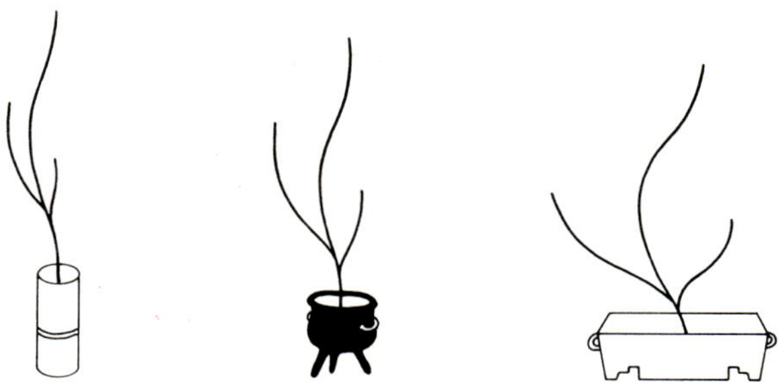

Abb. 8. Shin-Stil in einer „zundo“ (Bambusvase“ — Gyo-Stil in einer „usubata“ (Bronzevase) — So-Stil in einer „sunabachi“ (Sandschale)

Shoka — Nishu-ike „Chrysanthemenduft"
So wie in früheren Zeiten werden auch heute noch Blumen zu Ehren Buddhas arrangiert. Die zwei identischen Gefäße, sogenannte *Zundo,* zählen zu den klassischen Vasen, in denen die Blumen mit Hilfe eines gespaltenen, kleinen Stocks gehalten werden. Die Chrysanthemen sind im Shin-Stil so aufgebaut, daß ein Arrangement das Spiegelbild des anderen ist.

Abbildung 8). Die Bezeichnungen „Shin", „Gyo" und „So" stammen ursprünglich aus der Kunst der Kalligraphie. Dort bedeutet die Shin-Form die förmliche, eckige Schreibweise ohne Abkürzungen. Bei der Gyo-Form, der weniger förmlichen Schreibart, werden die Ecken der Schriftzeichen abgerundet und diverse Abkürzungen gemacht. Die So-Form ist eine informelle, flüssige Schreibweise mit abgerundeten Ecken und vielen Abkürzungen.
Bei Shoka wird darauf geachtet, einen natürlichen Pflanzenwuchs, bedingt durch Licht und Schatten („Yo" und „In"), wiederzugeben. *Yo* ist das helle, positive, aktive, männliche Element. *In* ist das dunkle, negative, passive, weibliche (in Japan!). Das Ideal liegt im Gleichgewicht von Yo und In. „Solange das Positive und Negative im richtigen Verhältnis zueinander stehen, besteht Ordnung im Kosmos", lehrt die östliche Philosophie. Es zeugt von Einfühlungsvermögen in die Natur, wenn diese Gegensätze durch den Ikebana-Freund in einem Blumenarrangement zum Ausdruck gebracht werden. Gerade bei Shoka, dem lebenden Stil, soll man dies beachten. Der Shin, oder Basiszweig, weist mit seiner Spitze zu einer imaginären Sonne. Alle anderen Haupt- und Hilfslinien orientieren sich danach, wobei Soe meistens zur positiven

Shoka — Nishu-ike „Beschützt"
Dieser Shoka wirkt durch das gewählte Material — Palmblatt und Calla (Aronstab) — modern. Die drei Palmblätter als Shin, Soe und Tai bilden einen starken Hintergrund für die zwei Callablüten. Bei diesem Arrangement liegt die Schönheit im Kontrast.

(Yo) und Tai zur negativen Seite (In) ausgerichtet ist. Sowohl Soe als auch Tai schauen mit ihrer Sonnenseite zu Shin empor. Für Yo wählt man möglichst kräftige, voll erblühte Blumen aus, für In Blumen, die noch geschlossen sind.

Variationen des Shoka

1. Futa-kabu-ike — Doppelstämmige Arrangements

In einer länglichen, großen, flachen Schale werden zwei getrennte Gruppen von Zweigen und Blumen arrangiert: An einer Seite die Shin-Soe-Gruppe im einen Kenzan, eine kleinere, zierlichere Tai-Gruppe in Richtung der anderen Schmalseite des Gefäßes im zweiten Kenzan. Man kann für diesen Stil vielerlei Material verwenden, jedoch sind Zweige und kleinere Blumen oder Wasserpflanzen (z. B. Binsen, Schilf, Iris) für diese Variation am geeignetsten.
Werden Land- und Wasserpflanzen miteinander kombiniert, dann spricht man von einem *Suiriku-ike.* Shin und Soe als Landpflanzen im Hintergrund bilden den männlichen Teil, die Wasserpflanzen als Tai im Vordergrund den weiblichen Teil des Arrangements. Ein oder mehrere Kieselsteine werden vor die Landgruppe gesetzt. Dadurch wird die Grenze zwischen Land und See symbolisch angedeutet. Auf der Abbildung auf Seite 47 stellen Shin und Soe ausnahmsweise die Wassergruppe dar.
Werden bei einem Doppelarrangement nur Wasserpflanzen verwendet, sprechen wir von einem *Gyodo-ike,* d. h. wörtlich „Weg der Fische". In diesem Fall legen wir keine Kieselsteine als Grenze zwischen der Shin-, Soe- und Tai-Gruppe, weil ja hier „die Fische schwimmen".

2. Niju-giri — zweistöckige Bambusvase

Schon vor Jahrhunderten fertigten die Ikebana-Meister Blumengefäße aus Bambusrohr an. Durch ihre Erfindungsgabe entstanden viele verschiedenartige Formen. Neben dem Bambusschiff — auf das später noch eingegangen wird — gibt es die klassische *Niju-giri,* eine doppelstöckige Bambusvase der Ikenobo-Schule. Die traditionellen Vorschriften verlangen, daß hierbei kein Kenzan benutzt wird, sondern ein *Kubari,* ein gegabelter kleiner Ast, der in die Vasenöffnung geklemmt wird.
Bei Niju-giri unterscheidet man zwischen der hängenden und der aufsteigenden Form (siehe Abbildung 9, Seite 42). Es werden höchstens

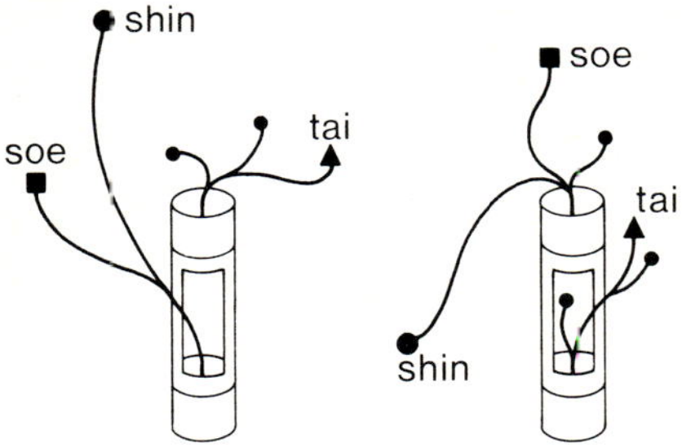

Abb. 9. links aufsteigende Form, rechts hängende Form

drei Materialsorten verwendet, jedoch nicht mehr als zwei Arten von Blumen. Clematis- und Efeuranken eignen sich besonders gut für die hängende Form.

Hängende Form: Shin und Soe werden im oberen Vasenteil in den Kubari geklemmt. Shin neigt sich im Winkel von 45° nach vorne und fällt dann in einer graziösen Linie bis ungefähr zur Mitte des „Fensters". Es bleibt aber stets einige Zentimeter vom Rand entfernt. Soe beträgt zwei Drittel von Shin und lehnt sich ein wenig in Richtung von Shin. Soe kehrt jedoch dann in einer geschwungenen Linie mit seiner Zweigspitze zur gedachten Vertikalen über der Vasenmitte zurück. Shin und Soe können durch Hilfslinien unterstützt werden. Es dürfen kleine Blumen zugefügt werden, die eine Art Tai für die obere Gruppe bilden. In diesem Fall muß man beim Anordnen im Kubari mit den Blumen beginnen, da bei einem *Kubari-Shoka* stets von vorne nach hinten arrangiert wird. Die ganze Komposition wird in der Gabelung mit einem Holzstück festgehalten, das quer über den Kubari in die Vasenöffnung geklemmt wird.

Die eigentliche Tai-Gruppe füllt den unteren Vasenteil. Die Spitze von Tai reicht, nachdem sie eine Biegung von 45° aus dem „Fenster" gemacht hat, etwas über die Vasenöffnung. Sie darf die Ränder aber nicht berühren! Diese Gruppe kann ebenso innerhalb des „Fensters" arrangiert werden. Auch hier gilt die Regel: Die Blumen müssen frei stehen und dürfen die Umrandung nicht streifen.

Shoka — Niju-giri „Zur Begrüßung"
Dieses zweistöckige Arrangement in einem Niju-giri-Bambusgefäß ist im hängenden Stil angeordnet. Stechpalmenzweige bilden die Shin- und Soe-Gruppe, während fünf Narzissen mit Blättern im unteren Fenster die Tai-Gruppe darstellen; sie scheinen dem Frühling ein Willkommen zuzurufen.

Aufsteigende Form: Bei dieser Variante sind die Tai-Gruppe im oberen Teil, die Shin- und Soe-Gruppe im unteren Teil der Vase angeordnet und „steigen" nach oben. Shin ist etwa 1½mal so groß wie das Gefäß und neigt sich im Winkel von 45° entweder nach links oder nach rechts vorne. Auch hier ist zu beachten, daß Shin und Soe die Vasenöffnung nicht berühren, sie aber etwa in der Mitte kreuzen.

3. Tsuribana — hängendes Arrangement

Kompositionen dieser Shoka-Variation werden in der Tokonoma aufgehängt. Die Ikenobo-Schule besitzt dafür klassische Hängegefäße: *Tsuki,* die Mondvase, und *Fune,* das Bambusschiff (siehe Abbildung

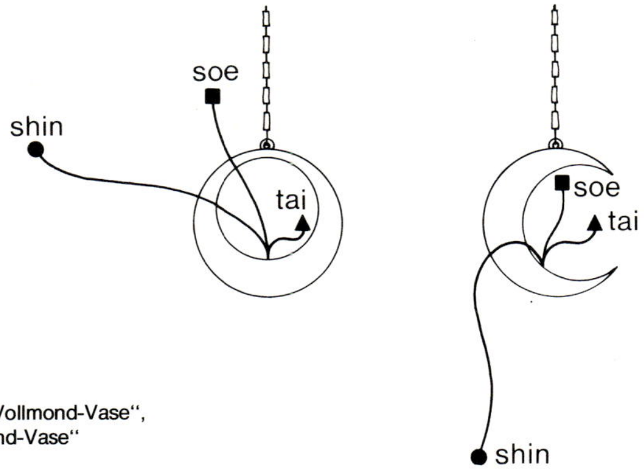

Abb. 10. links „Vollmond-Vase",
rechts „Halbmond-Vase"

10+11). Es ist nicht verwunderlich, daß der Mond, der in Japan Jahrhunderte hindurch besungen, bedichtet, ja für dessen Schönheit selbst Gärten entworfen wurden, um seinen sanften Schein einzufangen, auch bei Ikebana eine besondere Rolle spielt. Die verschiedenen Mondphasen werden mit einem *Tsuki-Arrangement* zum Ausdruck gebracht. Soll der zunehmende Mond symbolisiert werden, zeigt der Shin-Zweig schwungvoll seitlich über den Gefäßrand. Außerdem werden vorwiegend Blumenknospen verwendet. Wird der Vollmond sinnbildlich dargestellt, dann werden drei oder fünf Blumen verarbeitet, die innerhalb des Vasenzirkels bleiben und die Ränder nicht berühren. Dieses Arrangement strahlt Stille aus, die auch der Vollmond auslöst. Schwingt der Shin-Zweig graziös nach unten, wird der abnehmende Mond symbolisiert.

Fune, das horizontal hängende Bambusgefäß, wird mit einem Boot verglichen. Weist der Bug nach links, wird ein auslaufendes (De-fune), weist er nach rechts, ein einlaufendes Boot(Iri-fune) angedeutet. Boote spielten immer eine bedeutende Rolle bei den Japanern. Sie befuhren zu allen Zeiten die Meere, um durch Fischfang für ihren Lebensunterhalt zu sorgen.

Ein *De-fune-Arrangement* wird z. B. als Abschiedsgruß für ein abreisendes Familienmitglied zusammengestellt. (Auf Seite 48 ist ein De-fune abgebildet.) Der lange, überhängende Zweig (Nagashi) ist hier die vierte Hauptlinie und stellt bei einem Boot-Arrangement das Ruder dar. Er ist ca. 1- bis 1½mal so lang wie das Bambusgefäß. Shin und Soe symbolisieren die Segel. Shin ist halb so groß wie Nagashi, Soe wiederum

Abb. 11. links Iri-fune „Einlaufendes Boot", rechts De-fune „Auslaufendes Boot"

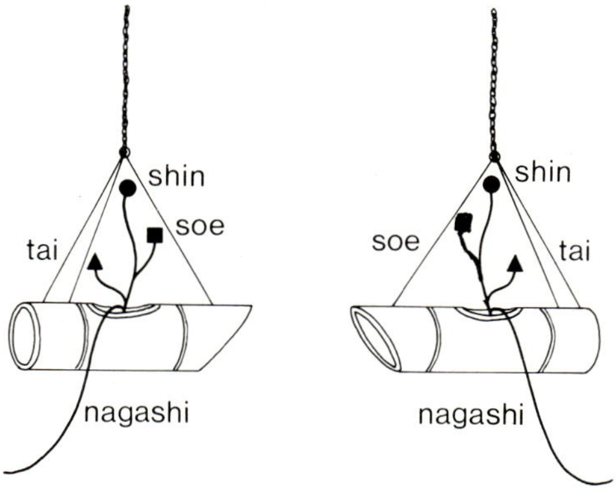

zwei Drittel von Shin. Die Zweige dürfen die hängenden Ketten nicht berühren oder kreuzen. Der Shin-Zweig endet mit seiner Spitze unter dem Treffpunkt der Ketten.

Iri-fune symbolisiert ein einlaufendes Boot und wird als Willkommensgruß in die Tokonoma gehängt. Es ist im Aufbau ein Spiegelbild des De-fune. Da De-fune und Iri-fune Boote in voller Fahrt darstellen, werden für Shin, Soe und Nagashi meistens Zweige aus dem gleichen Material verwendet, die sich zu schwungvollen Linien biegen lassen. Die Tai-Gruppe besteht aus kleinen Blumen.

Ein drittes Boot-Arrangement ist das *Tomari-fune,* das „stehende Boot", das eine gute Ankunft versinnbildlicht und z. B. bei Hochzeitsfesten die Tokonoma schmückt. Bootsförmige Bambuskörbe, Holz- oder Keramikschalen werden dafür verwendet.

Von einem vor Anker liegenden Boot, dessen Segel eingezogen sind, geht eine friedliche Stimmung aus, und so soll auch dieses Arrangement Ruhe ausstrahlen. Rohrkolbenhalme, Iris- oder Gladiolenblätter kombiniert mit kleinen Blumen — Material also, das einen mehr statischen Aufbau zuläßt — eignen sich besonders gut für Tomari-fune (siehe Abbildung 12).

Abb. 12. Tomari-fune
„Vor Anker liegendes Boot“

Sanshu-ike — Shoka aus drei Materialien

Ein Shoka-Arrangement mit drei verschiedenen Materialien setzt sich aus 5 Hauptlinien zusammen. Außer Shin, Soe und Tai kommen noch *Do,* die zentrale Linie, und *Sugata-naoshi,* die ausgleichende Linie, dazu. Do steht im Mittelpunkt des Gestecks und ist fast immer eine Blume. Sugata-naoshi heißt wörtlich „die Form verbessern“. Wenn bei Shoka drei Pflanzenarten verwendet werden, müssen Blumen und Zweige richtig eingeteilt werden, um ein harmonisches Ganzes zu erreichen. Dabei ergeben sich u. a. folgende Möglichkeiten:
a) Ein Material — meistens Zweige — für Shin, Soe und Tai; die beiden anderen Materialien für Do und Sugata-naoshi;
b) ein Material für Shin, das zweite für Soe, Tai und Sugata-naoshi und für Do das dritte.
Sanshu-ike ist nicht an die strengen Regeln gebunden wie Nishu-ike (Shoka aus zwei Materialien). Hier dürfen neben gefärbten und getrockneten Pflanzenteilen sogar Materialien wie Kunststoff und Plastik verwendet werden. Um einen bestimmten Effekt zu erzielen, können Blätter von Blumen oder Zweigen zu Formen beschnitten werden. Als

Shoka — Futakabu-ike „Am Teich“
Ruhe und Friedlichkeit strahlt dieser Shoka auf. Es ist so still und so friedlich, daß man einen Frosch ins Wasser hüpfen hören kann. Bei diesem Beispiel eines Wasser-Land-Arrangements bilden die Binsen, die Wasser- und die Feuerlilien zusammen mit den Ligusterzweigen die Landgruppe.

Shoka — De-fune „Abschied"
Ein Schiff verläßt den Hafen. Die am Ufer Zurückbleibenden winken zum Abschied. Bei diesem De-fune-Arrangement werden japanische Quitte für Shin und Nagashi und drei Iris für Tai verwendet.

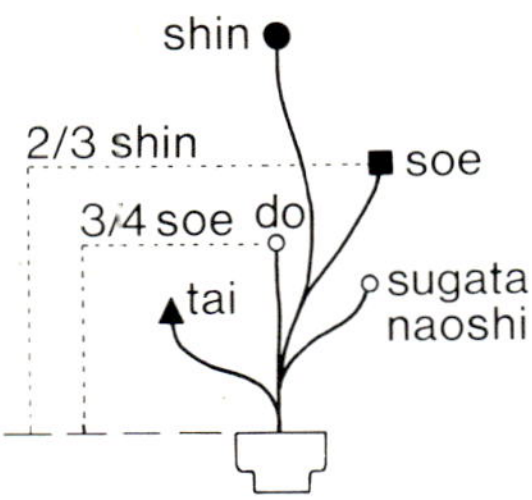

Abb. 13. Sanshu-ike

Richtlinie gilt nun, im Gegensatz zu früheren Zeiten, das freie, eigene, ästhetische Gefühl.
Die Entstehung von Sanshu-ike in den fünfziger Jahren bedeutete für die Ikenobo-Schule einen revolutionären Durchbruch. Dem westlichen Menschen scheint es gewiß übertrieben, daß der Beifügung einer Pflanzenart und zweier Hauptlinien in einem klassischen Blumenarrangement so viel Bedeutung beigemessen wird.
Die Erklärung hierfür: Der Japaner war gewissermaßen bis zur jüngsten Vergangenheit nicht nur bei der Ausübung von Ikebana, der Dichtkunst und Malerei, sondern auch in seiner Kleidung und in den Um-

Shoka — Sanshu-ike „Vergänglichkeit"
Ein später Herbsttag. Die hohen Gräser, Chrysanthemen und Ampfer symbolisieren hier den Abschied vom Herbst. Das leichte Wiegen der Gräser gibt diesem Arrangement nicht nur Grazie, sondern vermittelt auch ein Gefühl der Melancholie. Die Farben der Gräser wiederholen sich im Gefäß.

gangsformen des täglichen Lebens an sehr genaue Vorschriften gebunden. Jahrhunderte hindurch, bis zum Beginn der Meiji-Reform im Jahre 1868, war diese in Formen verankerte Lebensweise kennzeichnend für die japanische Gesellschaft. Trotz aller Reformen und westlicher Einflüsse findet man heute noch viel Tradition in den Gesellschaftsformen der Japaner.
Ein typisches Beispiel hierfür ist die Etikette, die Gastgeber und Gast in einem japanischen Haus zu beachten haben. Mit Verbeugungen und höflichen Redewendungen wird der Gast willkommen geheißen. Selbstverständlich wird ihm der Ehrenplatz vor der Tokonoma angeboten. Noch ehe er auf dem Tatami (Reisstrohmatte) Platz genommen hat, gebietet die Höflichkeit, daß er die Kunstgegenstände in der Tokonoma eingehend betrachtet. Um seinem Respekt für die Mühe des Gastgebers Ausdruck zu geben, verbeugt er sich vor dieser Nische. Andächtig betrachtet er das Ikebana. Es genügt nicht, es „schön zu finden", sondern er versucht, dessen verborgenen Sinn zu erfassen. Dabei kann ihm die in der Tokonoma hängende Kakemono (Tuschmalerei) oder Kalligraphie (Schönschrift chinesischer Zeichen) behilflich sein. Schließlich macht der Gast seinem Gastgeber ein Kompliment über die Gestaltung der Tokonoma. Erst dann äußert er sich über die Schönheit der Blumen. Denn wichtig ist in erster Linie, auf welche Weise die Blumen arrangiert sind und ob sie eine Stimmung wachrufen.
Im Falle eines Abschiedsbesuches, z. B. vor einer langen Reise, hängt vielleicht eine Bambusvase gefüllt mit Weidenzweigen und Narzissen in der Tokonoma, die ein auslaufendes Schiff symbolisiert. Aus der Schleife in einem der Weidenzweige kann der Gast ablesen, daß der Gastgeber seine gute Rückkehr erhofft. Dies alles wird er dankbar aufnehmen und sich mit Verbeugungen beim Gastgeber bedanken.

Aufbau einer Shoka-Komposition:
Nishu-ike — Shoka aus zwei Materialien

Bei Nishu-ike wird die natürliche Schönheit der Pflanze hervorgehoben. Es sind Arrangements ohne künstliche Werkstoffe. Um eine Perspektive zu erzielen, werden die beiden Pflanzenarten gegensätzlich ver-

Shoka — Nishu-ike „Zaubertanz"
Dieses Ikebana erhält seinen besonderen Charme durch das kräftige Linienspiel der Bandweidenzweige, die mit ihren bizarren Armen die Schönheit der Chrysanthemen zu umtanzen scheinen.

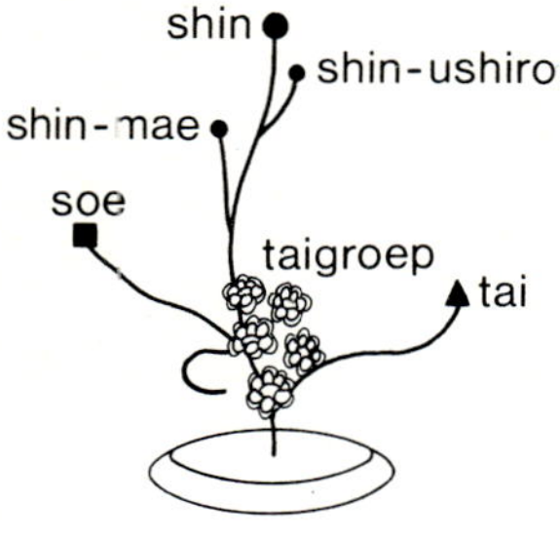

Abb. 14. Nishu-ike

wendet, die Zweige bilden den Hintergrund und symbolisieren die Ferne. Die Blumen werden in den Vordergrund gestellt und vermitteln die Nähe.

Beim Nishu-ike auf Seite 51 wurden Bandweidenzweige und Chrysanthemen kombiniert. Die Bandweide ist leicht biegsam und läßt sich daher gut zu einem schwungvollen Linienaufbau verarbeiten. Wir gehen schrittweise folgendermaßen vor:

Shin: Zunächst prüfen wir unsere Bandweiden und suchen für Shin einen schönen starken Zweig aus. Shin ist etwa dreimal so lang wie das Gefäß (Durchmesser + Höhe der Schale). Die Hauptlinie steht nicht kerzengerade im Kenzan, sondern macht etwa in der Mitte ihrer Länge eine leichte Biegung nach links und kehrt dann mit ihrer Spitze wieder zur gedachten, vertikalen Linie zurück.

Shin-ushiro und *Shin-mae:* Shin-ushiro (hinter Shin) und Shin-mae (vor Shin) sind zwei Hilfslinien, die Shin unterstützen; sie stehen jeweils hinter und vor Shin. Shin-ushiro ist kürzer als Shin, vertieft dessen Biegung und weist mit seinen Spitzen nach rechts, der Schattenseite (In) des Arrangements. Shin-mae ist kürzer als Shin-ushiro und verstärkt die Shin-Linie nach links vorne.

Soe: Soe ist neben Shin die zweite Hauptlinie. Sie ist im Kenzan hinter Shin-ushiro angeordnet, zeigt aber in einem Winkel von 45° schräg nach links hinten. Die Länge von Soe ist zwei Drittel von Shin. Soe steht bei der Shoka-Grundform immer auf der positiven Seite, der Sonnenseite (Yo).

Tai: Die Tai-Gruppe (frontale Gruppe) setzt sich aus fünf Chrysanthemen und zwei Bandweidenzweigen zusammen; letztere „liebkosen" gleichsam die Blumen, wobei ein Zweig vor Shin-mae steht und einen Schwung nach rechts macht. Es folgen in unterschiedlichen Längen die fünf Chrysanthemen und ein Bandweidenzweig, der etwa ein Drittel der Länge von Shin hat. Der Bandweidenzweig macht eine deutliche Biegung nach vorne rechts, der negativen Seite oder Schattenseite (In).

Shoka — Sanshu-ike „Kinderspiel"
Aus diesem Shoka spricht ausgelassene Fröhlichkeit. Die weißen Blüten der Spiraeazweige scheinen im Raume zu tanzen, kleine gelbe Narzissen schauen schalkhaft um die Ecke. Die roten Rosen sind nicht nur ein Farbakzent, sondern bringen Ruhe in dieses Arrangement, das bei Shoka wichtig ist. Die Bronzeschale vermittelt einen Hauch der Eleganz.

Abschließend wird nachgeprüft

a) Vermittelt das Arrangement auch wirklich den für Shoka typischen einstämmigen Bündeleffekt?
b) Wird das gedachte Dreieck, das durch die drei Hauptlinien Shin, Soe und Tai entsteht, nicht durch zusätzliche Hilfslinien gestört?

Moribana-Kompositionen

Die aus dem Westen eingeführten, für Japan völlig neuen Blumen, inspirierten den sonst an feste Regeln gebundenen Japaner zu freieren Ikebana-Stilarten. Moribana, wörtlich „aufgehäufte Blumen in flacher Schale", war die Reaktion der Japaner auf diesen neuen Impuls. Ebenso wie bei Shoka haben wir hier die drei Hauptlinien: Shin, Soe und Tai.

Bei Moribana unterscheiden wir drei Hauptformen (siehe Abbildung 15):

Aufrechter Stil — Shin steht im Winkel von weniger als 30° zur gedachten Vertikalen.

Geneigter Stil — Shin ist in einem Winkel von 30° bis 90° von der Vertikalen weggebogen.

Hängender Stil — Shin kreuzt die gedachte, horizontale Linie in einem Winkel von mehr als 90° je nach Höhe des Gefäßes.

Natürlich muß auch bei Moribana die asymmetrische Dreieckanordnung gewahrt bleiben. Der Japaner benützt allerdings hier nicht den mathematischen Ausdruck, sondern die Bezeichnung „halbmondförmig". Die drei Hauptlinien können noch ergänzt werden, jedoch muß darauf geachtet werden, daß die Komposition aus einer ungleichen Anzahl von Zweigen und Blumen besteht.

Hauptlinien

Die Größe eines Arrangements wird durch die Länge des Shin-Zweiges festgelegt. Die beiden anderen Gruppen sind kleiner und stehen in einem bestimmten Verhältnis zu Shin. Bei Moribana ist Shin 1½- bis 2mal so lang wie das Gefäß (Durchmesser + Höhe). Soe — als Gruppe fächerförmig angeordnet — zeigt mit seinen Zweigspitzen zu Shin. Schlaff hängende Blätter und Blüten sowie Seitenzweige, die die Linien kreuzen, müssen entfernt werden. Auch Zweige und Blumen der Tai-Gruppe schauen aufwärts zu Shin. Bei Moribana bilden Shin, Soe und Tai sinngemäß eine Umrahmung für die in ihrer Mitte angeordneten Blumen.

Abb. 15.

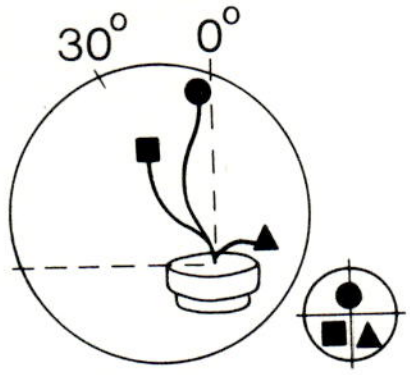

Aufrechter Stil
Grundform

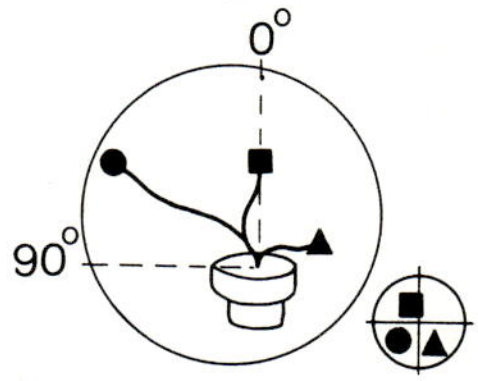

Geneigter Stil
Grundform

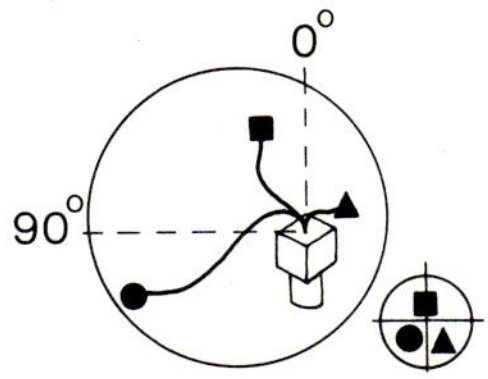

Hängender Stil
Grundform

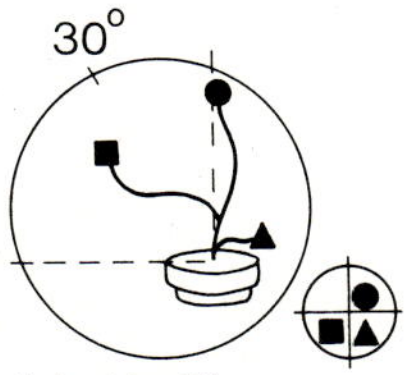

Aufrechter Stil
offene Variation

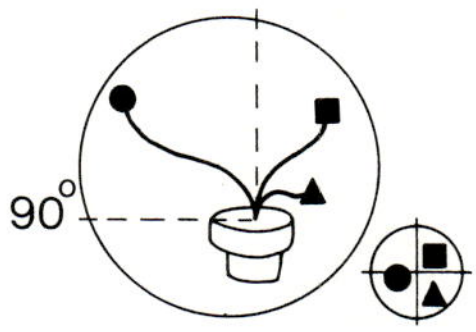

Geneigter Stil
offene Variation

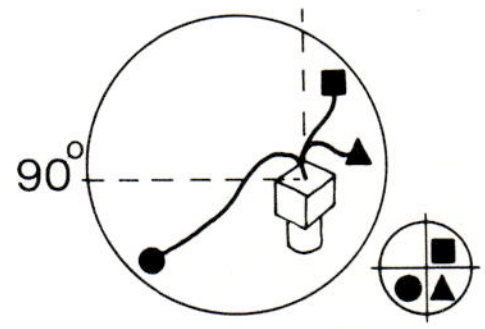

Hängender Stil
offene Variation

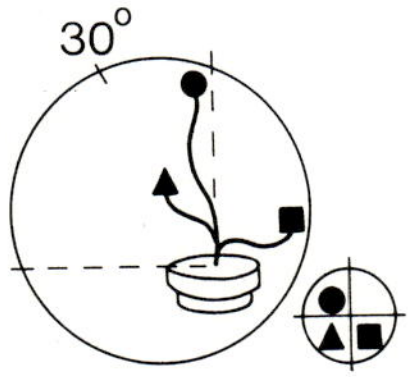

Aufrechter Stil
Soe und Tai
ausgewechselt

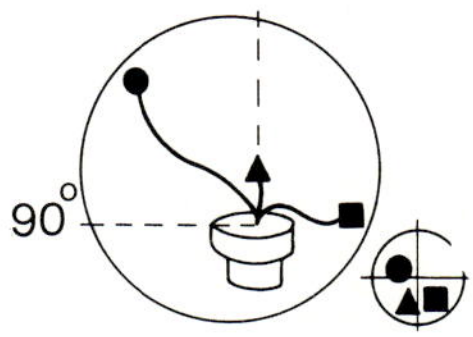

Geneigter Stil
Soe und Tai
ausgewechselt

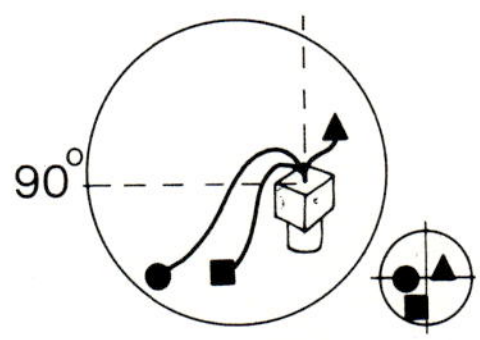

Hängender Stil
Soe hängend

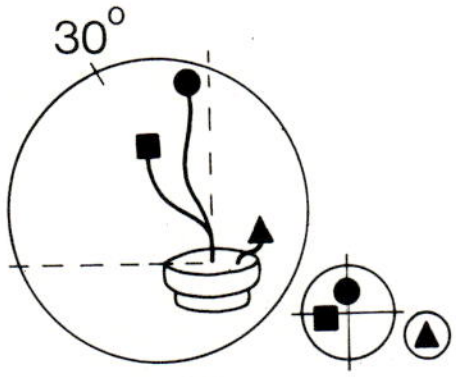

Aufrechter Stil
zweiteilig

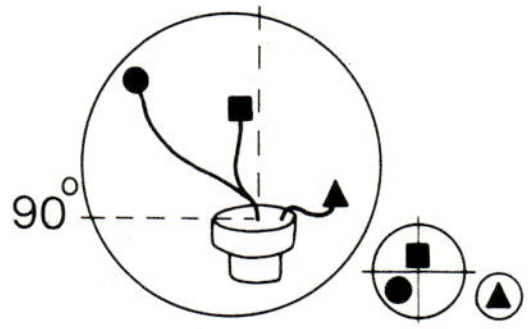

Geneigter Stil
zweiteilig

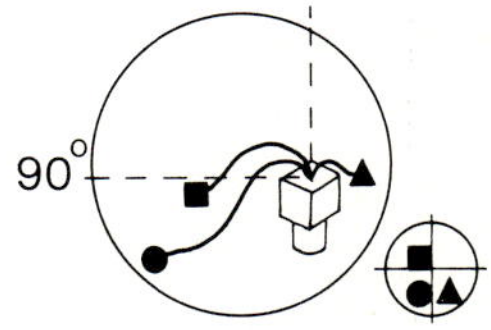

Hängender Stil
Tai hängend

Moribana — aufrechter Stil „Frühlingsahnen"
Die Schattierungen der jungen Rosenblätter von rot über braun zu grün sind oft sehr farbenprächtig. Die gelben Freesien bilden einen freundlichen Kontrast. Ein Frühjahrsarrangement von weiblicher Anmut! In der blauen Keramikschale kommen die Farben von Rosenzweigen und Freesien gut zum Ausdruck.

Moribana — Variation vom aufrechten Stil „Letzte Sonnenstrahlen"
Es wird Herbst. Die leuchtend orangerote Farbe der Lampions vermitteln uns die Wärme eines späten Sommertages. Diese Wirkung wird noch verstärkt durch den Lackuntersatz von gleicher Farbe. Die drei gelben Dahlien bilden einen reizvollen Gegensatz zu der blaugrünen Keramikschale. Hier besteht die Variation der Grundform darin, daß die Stellungen der beiden Hauptlinien von Soe und Tai vertauscht werden.

Aufbau einer Moribana-Komposition

Das Beispiel auf Seite 56 ist ein Moribana in der Grundform des aufrechten Stils, bei dem drei Rosenzweige und fünf gefüllte Freesien verwendet werden. Wenn im Frühjahr oder Herbst die Rosen zurückgeschnitten werden, hat der Ikebana-Freund eine gute Gelegenheit, mit diesen Zweigen zu arbeiten. Die folgenden Richtlinien erklären schrittweise den Aufbau dieser Moribana-Komposition.

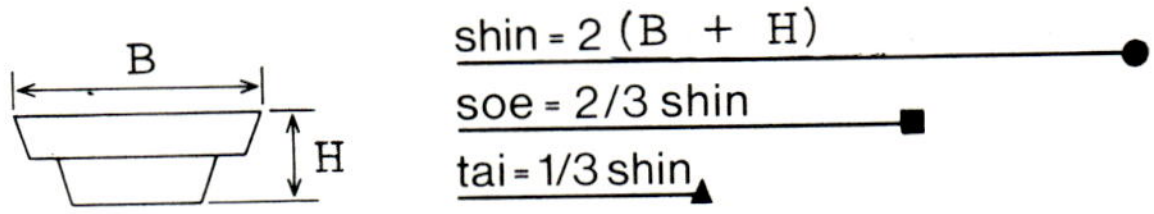

Abb. 16. Länge der Hauptlinien bei Moribana

Shin: Der Shin-Zweig ist zweimal so lang wie das Gefäß. Shin wird ungefähr in die Mitte des Kenzan gesteckt und macht eine leichte Biegung nach außen, muß aber mit der Spitze wieder zur gedachten Vertikalen zurückkommen. Der Platz des Kenzan hängt von der Form des Gefäßes ab. In einer länglichen oder sehr flachen Schale setzt man den Kenzan nicht in die Mitte, sondern stets an die linke oder rechte Seite, um dadurch den asymmetrischen Aufbau zu unterstreichen. Bei kleinen, runden tiefen Schalen kommt der Kenzan in die Mitte.
Soe: Die Länge von Soe ist zwei Drittel von Shin. Der Zweig steht schräg und links von Shin im Kenzan und neigt sich 45° nach vorne links.
Tai: Die Länge von Tai beträgt ein Drittel von Shin. Dieser Zweig steht schräg und rechts von Shin im Kenzan und macht eine starke Neigung von 75° nach vorne rechts.

Moribana — geneigter Stil „Erster Frost" (oben)
Die kalte Jahreszeit ist gekommen. Die Winterstimmung wird zum Ausdruck gebracht durch die Verwendung von drei schneeweißen Chrysanthemen in einer gläsernen Schale, die uns an einen zugefrorenen Teich erinnern. Kräftig grüne Stechpalmenzweige passen sich dem Arrangement gut an. Die roten Beeren setzen einen warmen Akzent.

Moribana — Variation vom aufrechten Stil „Sommerkühle" (unten)
Dieses Sommerarrangement aus Binsen und drei rosa Dahlien in einem Weidenkörbchen, in das ein Gefäß mit Kenzan gestellt wird, ist ein Beispiel moderner Ikebana-Auffassung. Hier handelt es sich weniger um eine naturgetreue Wiedergabe — die eigene Phantasie hat freies Spiel. Durch die zum Dreieck geknickten Binsen wird ein geometrischer Eindruck erweckt. Die drei Dahlien verbinden das Linienspiel als ruhender Pol. Shin und Soe stehen sich diagonal gegenüber, Tai zeigt nach links.

Die Spitzen von Shin, Soe und Tai bilden auch hier die Eckpunkte eines ungleichseitigen Dreiecks. Diese Asymmetrie ist, wie bereits erwähnt, ein wesentliches Element der Ästhetik eines Ikebana-Arrangements.
Um das Ganze schließlich zu vervollständigen, werden die fünf Freesien zwischen den drei Hauptlinien angeordnet. Allerdings muß beachtet werden, daß die längste Blume ein Drittel von Shin ist und diese vor Shin gesteckt wird. Die übrigen Blumen werden stufenweise hinzugefügt.

Nageire-Kompositionen

Der Nageire-Stil entwickelte sich im 16. Jahrhundert als Gegengewicht zum formellen Rikka. Der Name Nageire, wörtlich übersetzt „hineingeworfen", deutet an, daß es sich um ein natürliches Arrangement handelt, das nur an ein paar Regeln gebunden ist.
Typisch für diesen Stil ist die schlichte Anordnung der Zweige und Blumen in hohen Vasen oder Körben. Sie müssen entweder rechts – lang, links – kurz oder links – lang, rechts – kurz zusammengestellt werden.
Vorläufer des Nageire-Stils ist das *Chabana,* ein bescheidenes Arrangement, das bei der Teezeremonie die Tokonoma ziert. Beim Chabana soll dem Leitgedanken des Zen-Buddhismus Ausdruck verliehen werden: „Wenn man glaubt, etwas ist, so ist nichts — denkt man, es ist nichts, dann ist es." Vollkommenheit liegt in der Einfachheit.
Sen-no-Rikyu, ein berühmter Tee- und Blumenmeister des 16. Jahrhunderts, wird als Schöpfer des Nageire-Stils angesehen. Über ihn berichtet die Legende:
Sen-no-Rikyu, der als Tee- und Blumenmeister beim damaligen Herrscher, General Hideyoshi, angestellt war, wurde während eines Feldzuges von seinem Herrn beauftragt, im Lager eine Teezeremonie vorzubereiten. Da Blumen dabei nicht fehlen durften, ging Rikyu auf die Suche und fand ein paar wild wachsende Iris. Er pflückte sie, stach sein Messer durch die Stiele und warf das Ganze in einen Topf, der dort gerade stand. Hideyoshi war verblüfft über diese spontane und geniale

Nageire — aufrechter Stil „Herbstwind"
Herbstbuntes Eichenlaub und kleine gelbe Chrysanthemen scheinen die Glut eines langen Sommers wieder ausstrahlen zu wollen. Die gedämpften Farben der zylinderförmigen Vase ergänzen das Arrangement.

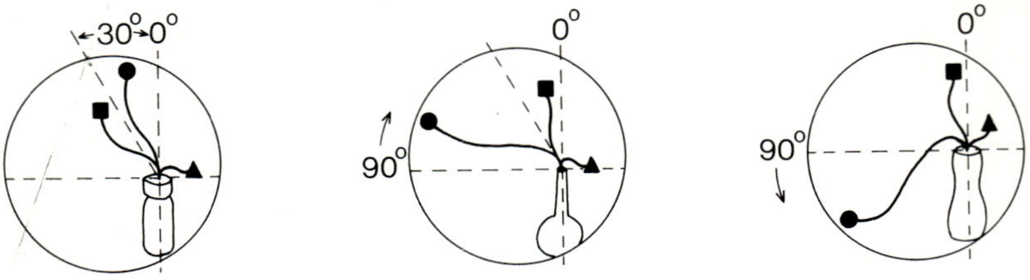

Abb. 17. links Nageire — aufrechte Form, Mitte Nageire — geneigte Form, rechts Nageire — hängende Form

Handlungsweise und sagte bewundernd: „Wie wunderschön hineingeworfen!“ Seitdem spricht man von Nageire.
Ebenso wie beim Moribana-Stil, unterscheiden wir bei Nageire drei Hauptformen: Die aufrechte, geneigte und hängende Form (siehe Abbildung 17). Allerdings wird bei Nageire kein Kenzan benutzt! Zweige und Blumen werden mit Hilfe eines Kubari (gegabelter, kleiner Stock), der in die Vasenöffnung geklemmt wird, festgehalten. Nageire und Moribana sind heute in Japan die beliebtesten Ikebana-Stilarten.

Aufbau einer Nageire-Komposition

Die Abbildung auf Seite 61 zeigt eine Variation im aufrechten Stil. Bevor wir mit dem Arrangieren beginnen, klemmen wir zwei Querhölzchen — gegebenenfalls durch einen senkrechten Stock gestützt (siehe Abbildung 23, Seite 72) — in die Vasenöffnung. Die Eichenlaubzweige bilden die drei Hauptlinien, und die fünf gelben Chrysanthemen verstärken und verbinden Shin, Soe und Tai.
Shin: Der Shin-Zweig, 1½mal so lang wie das Gefäß (Durchmesser + Höhe), lehnt an der Vasenwand und neigt sich ungefähr 45° nach hinten.
Soe: Der Soe-Zweig steht Shin diagonal gegenüber. Er mißt zwei Drittel von Shin und zeigt nach vorne rechts. Da durch diese Anordnung zwischen Shin und Soe eine Öffnung entsteht, spricht man von der „of-

Moribana — aufrechter Stil
Variation mit zwei Schalen „Feuerfliegen“
Die kaskadenförmig fallenden Ginsterzweige mit ihren vielen kleinen Blüten gleichen einem Schwarm von Glühwürmchen, die die Rosen umgaukeln.

fenen Variation“ des aufrechten Stils. Soe lehnt an der Vasenwand nach rechts vorne und schaut mit seiner Yo- oder Sonnenseite zurück zu Shin.
Tai: Der Tai-Zweig beträgt ein Drittel der Länge von Shin und neigt sich 75° nach vorne. Die fünf Chrysanthemen werden in unterschiedlicher Länge zwischen den drei Hauptlinien angeordnet. Die längste Blume hat etwa die halbe Höhe von Shin, die kürzeste bedeckt die Vasenöffnung.
Die in die Vasenöffnung geklemmten Querhölzchen sorgen dafür, daß Shin, Soe und Tai in ihren Stellungen festgehalten werden.

Freie Kompositionen

Freie Arrangements nennt man *Jiyubana.* Sie sind an keine der bereits erwähnten Regeln der Grundformen gebunden. Sie lassen vielmehr der eigenen Phantasie Raum und bringen die persönlichen, ästhetischen Normen zum Ausdruck. Da erst der geübte Ikebana-Freund zu freien Stilarten übergehen sollte, wird er ganz von selbst auch hier eine asymmetrische Anordnung bevorzugen. Sie ist für ihn zur Voraussetzung geworden, um dem Arrangement Schönheit und Bewegung zu verleihen. Erst als in jüngster Vergangenheit die alten Regeln und Formen etwas gelockert wurden und persönliche, schöpferische Ausdrucksmöglichkeiten erlaubt wurden, konnte sich Jiyubana entwickeln und behaupten.

Freie Komposition „Raumfahrt"
Fünf an Drähten befestigte Schaumgummibälle wirbeln durch den Raum. Die Form der schwarzen, gußeisernen Vase erinnert an ein Raumfahrzeug. Eine Tulpe mit weit geöffneten Blumenblättern unterstreicht den Eindruck rotierender Bewegungen.

Vasen, Geräte und Technik

Folgende Hilfsmittel und Materialien sind unentbehrlich für das Anfertigen eines Ikebana-Arrangements:

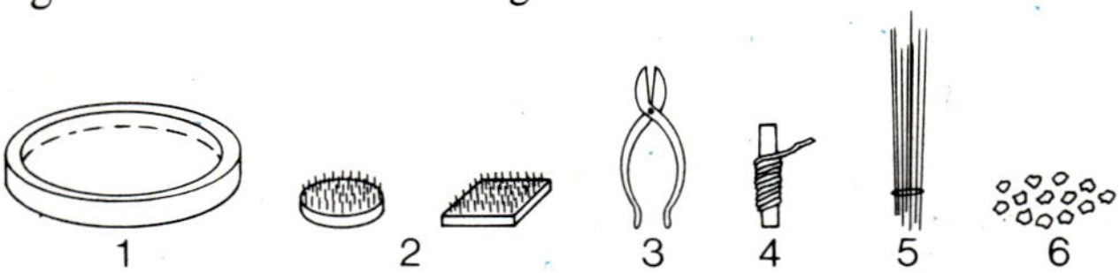

Abb. 18.

1. ein rundes oder längliches Gefäß
2. ein Kenzan (Blumenigel)
3. eine Blumenschere
4. Wickeldraht
5. Blumendraht
6. Steine oder Muscheln, um den Kenzan zu bedecken.

Gefäße

Der Ikebana-Freund wird im Laufe der Zeit seine Schalen- und Vasen-

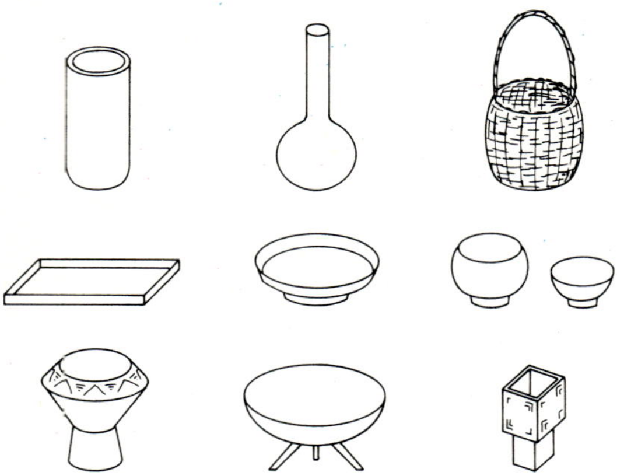

Abb. 19.

Nageire

Moribana

Rikka und Shoka

Nageire — geneigter Stil „Spaziergang durch den Garten“
Es wird Herbst. Das üppige Arrangement spiegelt die Fülle der Natur. Noch blühen die Astern und Dahlien des Spätsommers, jedoch rufen die roten Beeren und die teilweise angefressenen Blätter der Schneeballzweige (Viburnum opulos) schon eine Herbststimmung wach. — Die Schwere der Zweige wird durch die unter dem Korb liegende Bambusmatte ausgeglichen.

sammlung so erweitern, daß er für ganz bestimmte Arrangements das richtige Gefäß zur Hand hat. Einige Beispiele geeigneter Gefäßformen für die verschiedenen Stilarten zeigt die Abbildung 19, Seite 66.

Das Schneiden der Zweige

Zweige werden schräg geschnitten; das gilt auch für dickere Blumenstiele. Pflanzenstiele sollten unter Wasser abgeschnitten werden. Dadurch verhindert man, daß Luft in die Kapillarröhren eindringt, was die Wasserversorgung der Pflanzen stören und ihre Lebensdauer verkürzen würde.
Alle Blätter und Seitenzweige, die den Verlauf der Hauptlinien beeinträchtigen könnten, werden abgeschnitten. Anfangs macht man es noch etwas zaghaft, aber mit zunehmender Erfahrung kommt auch die Sicherheit, Überflüssiges zu sehen und zu entfernen.

Das Biegen der Zweige

Es gibt mehrere Möglichkeiten, Zweige und Blumen in die gewünschte Form zu biegen, ohne sie dabei zu beschädigen. Natürliche Kurven und Linien werden weitgehend genutzt. Darum ist es wichtig, Zweige und Blumen für ein bestimmtes Arrangement sorgfältig auszuwählen. Beim Biegen harter und dicker Zweige wird abwechselnd eingekerbt und vorsichtig gebogen. Um das Abbrechen zu verhindern, wird der Zweig bis zur Mitte eingekerbt. Biegsames Material, wie z. B. Weidenkätzchen, werden mit beiden Händen zwischen Daumen und Zeigefinger genommen. Durch den Daumendruck wird die gewünschte Biegung der Weidenrute erreicht.
Schnellt das Material immer wieder in die alte Stellung zurück, umwickelt man die zu biegende Stelle eng mit Wickeldraht. Ist es nicht möglich, den Draht mit anderen Pflanzenteilen zu verdecken, umwickelt man die „Drahtmanschette“ mit einem Klebeband in der Farbe des Zweiges. Sollen die Blüten und Blätter des Zweiges außerdem noch in eine andere Richtung gebracht werden, wird der Stiel während des Biegens vorsichtig gedreht.
Bei den lanzettförmigen Blättern der Gladiolen, Narzissen oder Iris ist es einfach, sie in die gewünschte Richtung zu biegen. Man zieht die Blätter kräftig zwischen Daumen und Zeigefinger hindurch. Bei Blumen mit hohlen Stengeln, wie z. B. Narzissen und Gerbera, führt man einen dünnen Blumendraht in den Stiel ein. Die Blume kann nun vorsichtig in die gewünschte Richtung gebogen werden.

Kenzan (Blumenigel)

Blumenigel gibt es in den verschiedensten Größen und Formen. Beim Kauf eines Blumenigels ist zu beachten, daß die Nägel dicht zusammenstehen und die Basis schwer und ausreichend breit ist. Dadurch wird verhindert, daß der Kenzan bei dickeren, schräg eingesteckten Zweigen umkippt. Für den Großteil der Arrangements verwendet man einen runden Blumenigel mit einem Durchmesser von 8 cm und einem Bleiboden von 1 cm Dicke.

Blumenschere

Grundsätzlich genügt eine scharfe Blumenschere für Ikebana. In Japan benutzt jede Ikebana-Schule eine eigens für sich entwickelte Schere. Die Zeichnung auf Seite 66 zeigt die typische Schere der Ikenobo-Schule.

Das Befestigen der Zweige im Kenzan

Der schräggeschnittene Zweig wird zunächst senkrecht auf den Kenzan gesteckt. Anschließend wird er in die gewünschte Richtung gebogen. Dabei ist zu beachten, daß die Schnittfläche nach oben zeigt. Man muß also bereits beim Schneiden des Zweiges achtgeben, wie er später im Kenzan stehen soll (siehe Abbildung 20).

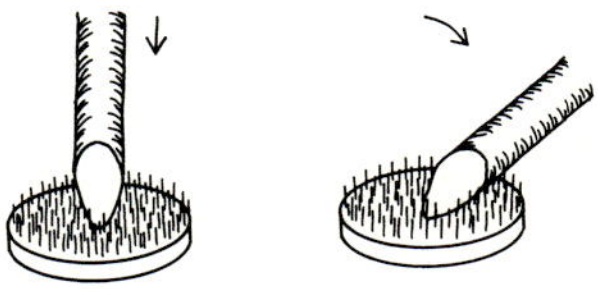

Abb. 20. Befestigung schräg abgeschnittener Zweige im Kenzan

Hilfsmittel für Zweige im Kenzan

Es kommt vor, daß ein Zweig nicht dick genug oder zu weich ist, um aufrecht im Kenzan stehen zu können. In diesen Fällen greift man zu einfachen Hilfsmitteln. Sind die Stengel der Zweige oder Blumen, z. B. bei der Amaryllis, hohl, wird ein Holzstück in den unteren Teil des Blumenstiels eingeführt. Bei zu dünnen und schwachen Stielen ist es gerade umgekehrt. Man steckt den Stiel in ein starkes „Röhrchen", z. B. aus Bambus, Schilf oder Holunder. Zerbrechliche Zweige können auch mit Bast an einem stärkeren Stiel befestigt werden.

Das Befestigen von Zweigen und Blumen ohne Kenzan

Bei bestimmten Vasen darf man keinen Kenzan benützen. So muß z. B. bei einer klassischen Shoka-Vase ein gegabelter kleiner Stock, der „Kubari“, zum Befestigen der Pflanzen benützt werden. Der Kubari wird in die Vasenöffnung geklemmt (siehe Abbildung 21). Der erste Zweig wird in die Spitze der Gabelung gestellt; so der Reihe nach fortfahrend kommen die letzten Zweige in den breiteren Teil der Öffnung. Schließlich werden sie mit einem Querhölzchen, dem *Matagi,* festgeklemmt.

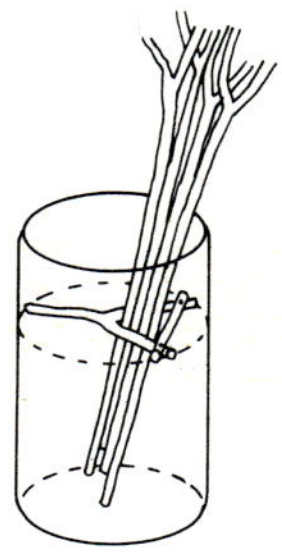

Abb. 21. Kubari bei Shoka

Wählen wir eine zylinderförmige Vase, z. B. für Nageire, werden Zweige und Blumen mit Hilfe von Querstöckchen, die ca. 2 cm vom oberen Vasenrand entfernt eingeklemmt werden, in der richtigen Stellung festgehalten.

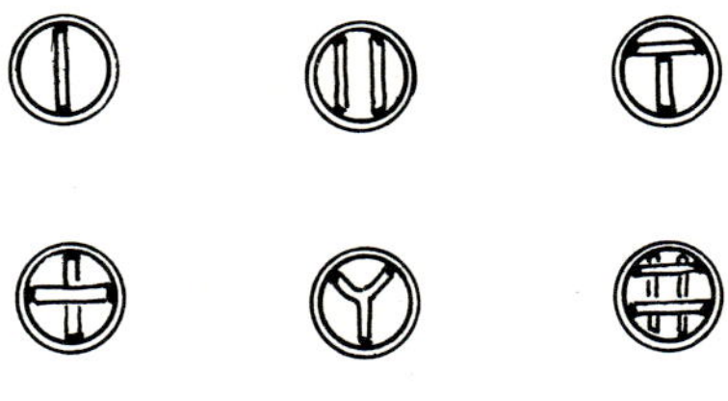

Abb. 22. Beispiele von Kubariformen bei Nageire

Vom Pflanzenmaterial ist es abhängig, welche der aufgeführten Möglichkeiten man im bestimmten Fall zu wählen hat.
Bei Vasen, die keinen zylindrischen Hals haben, z. B. bei kugeligen Glasvasen, wird zusätzlich ein kleiner Stock am Zweig befestigt. Es gibt verschiedene Möglichkeiten, dieses Hilfsmittel festzumachen:

1. Man bindet den Stock mit Bast am Zweig fest.

Freie Komposition „Volle Segel"
Dieses Stück Treibholz inspirierte durch seine Form zu einem „Boot-Arrangement". Mit vollen Segeln und schwer beladen folgt das Schiff seinem Kurs.
Bei diesem Arrangement sind sieben getrocknete und gebleichte Farne, Hyazinthen, kleine Narzissen und Kiefernzweige verarbeitet. Die Blumen stehen in kleinen Schalen. Die Stiele der Farne wurden mit Blumendraht verlängert, mit Bast umwickelt und mit Klebeband auf dem Holz befestigt.

Abb. 23. Beispiele von Befestigungsmöglichkeiten bei Nageire

2. Ist der Ast dick genug, wird er am unteren Ende aufgeschnitten und ein Querholz eingeklemmt. Anschließend wird der Zweig so in die Vase gestellt, daß das Querstöckchen sich an der Vaseninnenseite festklemmt (siehe Abbildung 23).

Wie verlängert man Zweige?

Zweige, die für ein Arrangement zu kurz sind, werden mit Hilfsmitteln verlängert. Man kann z. B. einen Metalltrichter (a) benützen, der in jedem Fachgeschäft erhältlich ist; oder man bindet den Zweig mit Bast oder Draht an einen festen Stock (b). Bei einem hohlen Stiel schiebt man zwei Teile des Stieles über einen dünneren Stift (c) (z. B. bei Schilfkolben). Bei großen, schweren Ästen kann man sogar mit Hammer und Nägeln arbeiten (d).

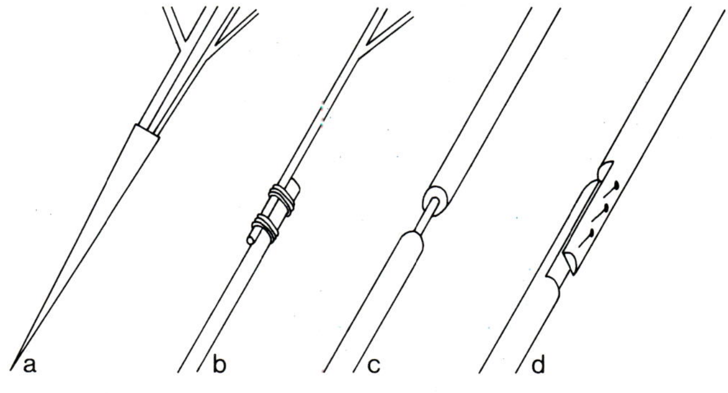

Abb. 24. Verlängerung von Zweigen

Vorschläge für Frühlings-, Sommer-, Herbst- und Winterkompositionen

Zweige	**und Blumen**
Frühling	
Kirschblüten	+ gelbe Narzissen mit Blatt
Weidenkätzchen	+ Anemonen
Forsythie	+ rote Tulpen
Bandweide	+ Iris
Trauerweide und Kiefer	+ Narzissen
Roter Hartriegel (Cornus sanguinea)	+ gelbe und lila Tulpen
Apfel- oder Birnbaumblüten	+ blaue Iris
Kornelkirsche (Cornus mas)	+ Ringelblume
Ginster	+ Wicke oder gelbe Margeriten
Sauerdorn (Berberis)	+ gelbe Iris
Weißdorn	+ Amaryllis
Rosenzweige	+ gelbe Freesien
Japanische Quitte (Chaenomeles)	+ weiße Freesien
Mahonie	+ rote Amaryllis
Sommer	
—	Pfingstrosen
Liguster (Rainweide)	+ Glockenblume (Campanula) oder Margeriten
Funkie (Hosta)	+ Bartnelke
Schwertlilienblatt	+ Trollblume (Kugelranunkel)
Ginster	+ Sonnenblume (Helianthus)
Mahonie	+ Calla
Gerberablatt	+ Gerbera
Gladiolenblatt	+ Gladiolen
Bärenklau	+ Hortensie (Hydrangea) und Goldrute
Allium (Riesenlauch)	+ Gelbe Taglilie

Zweige	und Blumen
Lärche	+ Weiße Lilie
Spiraea	+ Rosen
Herbst und Winter	
Cypergras (Ried)	+ großblumige Dahlie
Ampfer (Rumex)	+ Gladiolen
Rohrkolben	+ Kokardenblume (Gaillardia)
Steinmispel (Cotoneaster)	+ große, gelbe Chrysanthemen
Bärenklau	+ Astern
Ginster	+ „Spiegelei"-Chrysantheme
Malus (wilder Apfel)	+ kleine Chrysanthemen (Winterastern)
Euphorbia	+ Spinnenchrysanthemen
Eberesche (Vogelbeere)	+ rostbraune, großblumige Chrysanthemen
Lampionblume (Physalis)	+ gelbe Dahlie
Eibe (Taxus)	+ Rosen
Stechpalme (Ilex)	+ Heliantheen
Pampasgras	+ Aster
Schwarze Erle	+ rote Nelken
Kiefer	+ Rosen
Alte bemooste Zweige	+ weiße, große Chrysanthemen

Japanische Symbolik einiger Blumen und Zweige

Amaryllis (Ritterstern)	– Stolz
Bambus	– Beständigkeit, Aufrichtigkeit, langes Leben
Kamelie	– Reine Liebe (weiße Kamelie). Obwohl diese Blume in Japan sehr beliebt ist, verwendet man sie nicht bei frohen Ereignissen, da ihre Blüte sehr kurzlebig ist und damit einen frühen Tod andeutet
Chrysantheme	– Herbst, Reife. Die 16blättrige Blüte ist im Wappen des japanischen Kaiserhauses
Dahlie	– Dankbarkeit
Iris (Schwertlilie)	– Tapferkeit, Aufrichtigkeit und Männlichkeit; Knabenblume für den 5. Mai
Kiefer (Pinus)	– Glück, Wohlfahrt und langes Leben wegen ihrer immergrünen Nadeln
Kirschblüten	– Dienstbereitschaft, Opferwilligkeit, Ritterlichkeit. Die Kirschblüte ist das nationale Wappen
Lilie (weiß)	– Reinheit, Schönheit, Freude der Jugend
Lotos (Wasserrose)	– Unsterblichkeit, Reinheit. Heilige Blume des Buddhismus. (Auf Abbildungen sieht man Buddha auf einem Lotos sitzend.) Diese Blume wird häufig für Altargestecke benützt
Magnolia	– Treue, Beständigkeit
Narzissen	– Neues Leben und Fröhlichkeit
Pfingstrose	– Edelmut, Glück, „König unter den Blumen“

Pfirsichblüten	– Frauliche Tugenden wie Sanftheit, Freundlichkeit. Mädchenblume für den 3. März
Pflaumenblüten	– Langes, glückliches Leben; auch Fraulichkeit
Rosen	– Schönheit, Liebe
Schilfgras (Cypergras)	– Beweglichkeit, Sorglosigkeit; mit Blütenrispe Symbol von Wehmut und Ruhe
Schlüsselblume	– Hoffnung
Trauerweide (Salix alba)	– Neues Leben, Frohsinn
Windende und kletternde Pflanzen	– Anhänglichkeit

Giftige und unangenehm duftende Blumen werden bei Ikebana nicht verwendet. Blumen, die sich verfärben, wie Hortensien und Wisteria (Blauregen), werden für glückliche Ereignisse vermieden.

Wörterverzeichnis japanischer Begriffe

Amaterasu Omikami	Sonnengöttin
Ashirai	Hilfslinie
Bana oder hana	Blume oder Pflanze
Chanoyu	Teezeremonie
Chabana	Blumen-Arrangement für die Teezeremonie
De-fune	„Auslaufendes Boot“, Shoka-Variation in hängender Bambusvase
Do	Hauptlinie bei Rikka und Shoka; es gibt dem Arrangement mehr Volumen
Fune	Bootsförmige Bambusvase
Futa-kabu-ike	Doppelstämmiges Arrangement
Giakugatte	Linksseitiges Arrangement
Gyo	Halbformelle Form bei Shoka
Gyodo-ike	„Weg der Fische“, eine Shoka-Variation
Haiku	Japanische Gedichtform, drei Zeilen mit 5, 7, 5 Silben
Hideyoshi	Berühmter General aus dem 16. Jahrhundert
Hikae	Hauptlinie bei Rikka
Hi-no-maru	Roter Zirkel auf der japanischen Fahne; Zirkel der Sonne
Hongatte	Rechtsseitiges Arrangement
Iemoto	Ehrentitel des Leiters der Ikenobo-Schule
Ikebana	„Die Pflanzenwelt zum Leben bringen“
Ike-no-bo	„Tempel beim See“. Älteste Schule der Blumenkunst Japans
In	Negatives, passives, weibliches Element; bei Ikebana bezieht sich „In“ auf den Teil des Arrangements, das im „Schatten“ angeordnet ist
Iri-fune	„Zurückkehrendes Boot“, Shoka-Variation in hängender Bambusvase
Ise-Tempel	Heiligtum der Shintogläubigen
Isshu-ike	Shoka-Arrangement mit einem Material
Jiyubana	Freies Arrangement; an keinen Stil gebunden

Kado	„Der Blumenweg“; die Kunst des Blumenarrangierens
Kakemono	Tuschmalerei, die in Form einer Rolle bewahrt wird, beziehungsweise ausgerollt in die japanische Ehrennische gehängt wird
Kalligraphie	Kunst des Pinselschreibens chinesischer Zeichen
Kami	Shinto-Götter
Kenzan	Blumenigel
Koi-no-bori	Karpfenfiguren aus Stoff oder Papier
Kokoro no Kayoi	„Zusammenklang der Herzen“
Kubari	Gegabelter kleiner Stock, der bei klassischen Shoka-Gefäßen sowie bei Nageire benutzt wird
Kuge	Blumenopfer auf dem buddhistischen Altar
Maeoki	Hauptlinie bei Rikka
Matagi	Querstöckchen, um Zweige und Blumen in der Kubari festzuhalten
Meiji	Kaiser von Japan von 1868 bis 1912
Mikoshi	Hauptlinie bei Rikka
Mizugiwa	Abstand zwischen Wasserspiegel und Abzweigung des Pflanzenmaterials bei Rikka und Shoka (ca. 10 cm)
Moribana	„Aufgehäufte Blumen in flacher Schale“; Ikebana-Stil
Nagashi	Hauptlinie bei Rikka
Nageire	„Hineingeworfen“; Ikebana-Stil
Niju-giri	Zweistöckige Bambusvase
Nishu-ike	Shoka-Arrangement mit zwei Materialen
Noki-shin	Shin mit geschwungener Linie
Ogencho	Klassisches Shoka-Gefäß aus Bronze oder Eisen
Ohina-sama	Mädchentag, 3. März
Ono-no-Imoko	Buddhistischer Priester, der den Namen „Ikenobo“ prägte
Rikka	„Aufrecht stehende Buketts“; klassischer Ikebana-Stil
Rokkaku-do	Alter Tempel in Kyoto; Geburtsstätte des Ikebana
Sakagi	Cleyera ochnacea, heiliger Baum der Shinto-Gläubigen

Sakura	Kirschblüten
Samurai	Feudale Krieger
Sanshu-ike	Shoka-Arrangement mit drei Materialien
Sendensho	Ältestes Dokument über Ikebana aus dem 15. Jahrhundert
Senei Ikenobo	Heutiger Großmeister der Ikenobo-Schule
Sen-no-Rikyu	Berühmter Tee- und Blumenlehrmeister aus dem 16. Jahrhundert
Sen-o-kuden	Buch über Rikka, geschrieben von Sen-o Ikenobo im 16. Jahrhundert
Shin	„Wahrheit"; Hauptlinie bei Rikka, Shoka, Nageire und Moribana. Formelle, aufrechte Form bei Shoka
Shin-mae	Hilfslinie vor Shin
Shinto	„Weg der Götter"; ursprüngl. Religion Japans
Shin-ushiro	Hilfslinie hinter Shin
Shogunat	Regierung unter militärischer Führung
Shohin-Rikka	Kleines Rikka-Arrangement
Shoka	„Lebendige Blumen"; Ikebana-Stil aus dem 18. Jahrhundert
Shotoku Taishi	Kronprinz von Japan (572 – 621); Förderer der buddhistischen Lehre
So	Informelle Form bei Shoka; Shin-Linie ist geschwungen
Soe	Abgeleitet vom Verb „soeru" = unterstützen; Hauptlinie bei Rikka, Shoka, Nageire, Moribana
Sugata-naoshi	Ausgleichende Linie bei Shoka; wörtliche Übersetzung: Form verbessern
Sugu-shin	Aufrechte Shin-Form bei Rikka
Suiriku-ike	„Wasser-Land-Arrangement"; Shoka-Variation
Suna-mono	„Sandgesteck"; Rikka-Form in flacher Schale
Tai	Hauptlinie bei Shoka, Nageire, Moribana
Tango-no-sekku	Knabentag, 5. Mai
Tatami	Reisstrohmatten, die im traditionellen japanischen Zimmer liegen (ca. 168 × 174 cm)
Tokonoma	Ehrennische im japanischen Zimmer
Tokugawa	Name einer der berühmtesten Familien Japans, die über 250 Jahre lang das Land regierten (1603 – 1867)

Tomari-fune	„Stehendes Boot“; bootsförmiges Gefäß
Tsuki	„Mond“; klassische Hängevase, meistens aus Bronze
Tsuribana	Hängendes Blumenarrangement
Uke	„Empfangen“; Hauptlinie bei Rikka
Usubata	Klassische Bronzevase
Wabi	Harmonie, Ruhe, Schlichtheit
Yakueda	Hauptlinien eines Arrangements
Yo	Positives, aktives, männliches Element; bei Ikebana bezieht sich „Yo“ auf den Teil des Arrangements, das der „Sonne“ zugekehrt ist
Zen	Buddhistische Sekte
Zundo	Bambusvase

Literaturangaben

Yuchiku Fujiwara: Shoka Style/1 und Shoka Style/2, Ikenobo, Tokyo 1970.

G. L. Herrigel: Der Blumenweg, München 1964.

Ikenobo Senei: Best of Ikebana, Ikenobo School, Vol. 3, Tokyo 1962.

Ikenobo Senei: Ikebana, Tokyo 1968.

Norman Sparnon: Japanese Flower Arrangement, Tokyo 1960.

Tadao Yamamoto: Ikebana, The Art of Japanese Flower Arrangement, Ikenobo School, Tokyo.